再生水和清水灌溉对氮素有效性影响的机制研究

郭　魏　李　平　齐学斌　著

U0364391

黄河水利出版社

·郑州·

内 容 简 介

本书以农业水资源安全、水资源循环利用及农业生态环境保护为主要目标,采用定位试验与微观研究相结合、数据分析与数值模拟相结合,以及传统技术手段与基因组学相结合的技术路线,解析了再生水、清水不同灌溉水源和施氮组合对土壤氮素等养分的生物有效性的调控机制,研究成果为保障农业水资源安全及农业绿色发展奠定了坚实的理论基础,兼具资料性、实践性和理论性。

本书可供农业水利、生态环境、环境工程及生态农业等领域的广大科研工作者、工程技术人员、管理人员参考使用,也可供相关专业大专院校师生阅读。

图书在版编目(CIP)数据

再生水和清水灌溉对氮素有效性影响的机制研究/
郭魏,李平,齐学斌著. —郑州:黄河水利出版社,2022. 11
ISBN 978-7-5509-3451-1

Ⅰ.①再⋯ Ⅱ.①郭⋯ ②李⋯ ③齐⋯ Ⅲ.①再生水
-灌溉-影响-土壤氮素-研究 Ⅳ.①S153.6
中国版本图书馆 CIP 数据核字(2022)第 226351 号

出 版 社:黄河水利出版社　　　　　　　网址:www.yrcp.com
　　　　地址:河南省郑州市顺河路黄委会综合楼 14 层 邮政编码:450003
发行单位:黄河水利出版社
　　　　发行部电话:0371-66026940、66020550、66028024、66022620(传真)
　　　　E-mail:hhslcbs@ 126.com
承印单位:河南新华印刷集团有限公司
开本:850 mm×1 168 mm　1/32
印张:4.625
字数:116 千字
版次:2022 年 11 月第 1 版　　　　　　印次:2022 年 11 月第 1 次印刷
定价:36.00 元

前　言

　　水资源短缺与生态环境恶化是当前中国农业生产所面临的重大挑战。国家统计局公报数据显示,2020 年我国干旱缺水农田面积达到 7 620 万亩(1 亩 $= 1/15$ hm^2,下同),干旱缺水绝收面积达到 1 056 万亩,据此估算造成直接经济损失高达 400 多亿元。再生水是污水处理厂的主要产物,其巨大的排放量给资源环境带来了极大的压力,目前我国废污水排放量稳定在 840 亿 m^3/a,其处理率稳定在 95% 以上,但处理后废水利用率仅为 14.6%。再生水资源化利用是解决农业资源短缺和实现资源循环利用的重要举措之一,且相关研究亦是当前国际资源环境领域的前沿和热点。2021 年,随着《关于推进污水资源化利用的指导意见》的印发,再生水资源化利用上升为国家战略,将进一步推进再生水资源在农业领域的应用。而再生水中含有丰富的氮磷、溶解性有机物等,长期灌溉输入导致氮、磷深层淋溶污染等问题是制约农业生态系统安全和可持续生产的关键问题之一。本书系统总结了作者近年来在农业多水源利用等方面的研究成果,对于实现再生水农业资源利用率和利用效率"双提升",保障农业水资源安全和生态环境安全具有重要意义。

　　近年来,在科学技术部、国家自然科学基金委员会、中国农业科学院、河南省科学技术厅、河南省水利厅等部门的资助下,中国农业科学院农田灌溉研究所主持或参与了国家重点研发计划项目(2021YFD1700900)、中国农业科学院科技创新工程(CAAS-ZDRW202201、CAAS-ASTIP)、国家自然科学基金项目(51009141、51709265)和中国农业科学院基本科研业务费所级统筹项目

（FIRI2021010501）、河南省水利科技攻关项目、河南省科技攻关项目（202102110163、212102310484、212102311144）等科研项目，深入开展了再生水和清水灌溉下土壤氮素利用及矿化特征、土壤酶活性变化特征、土壤微生物群落结构变化，再生水和清水灌溉对作物品质、产量的影响等研究内容，本书是在上述研究的基础上经过系统总结凝练撰写完成的。

全书共分 9 章。第 1 章主要概述了我国再生水灌溉研究的现状及进展；第 2 章为不同施氮水平下再生水和清水灌溉对土壤微环境的影响，主要研究了施氮和再生水灌溉对土壤化学性质、土壤微生物区系、土壤酶活性、土壤呼吸和土壤温度的影响；第 3 章为再生水灌溉年限对设施土壤酶活性的影响，主要研究了再生水和清水灌溉下设施土壤脲酶、过氧化氢酶活性年际变化；第 4 章为不同施氮水平再生水灌溉对土壤酶活性和番茄品质的影响，主要研究了不同组合处理土壤脲酶、蔗糖酶、淀粉酶、过氧化氢酶活性、土壤矿质氮和全氮的盈亏状况及番茄产量和品质指标的变化；第 5 章为再生水灌溉和施氮组合下土壤释氮节律模拟研究，主要开展了不同施氮水平下土壤氮素矿化量、矿化速率、吸附参数和氮素矿化势研究；第 6 章为再生水灌溉和施氮组合对土壤细菌群落结构的影响研究，主要研究了再生水灌溉和施氮组合土壤细菌群落多样性的变化，评估其菌属相对丰富度和优势菌群；第 7 章主要为再生水灌溉和施氮组合下土壤细菌群落结构变异特征解析，主要研究了再生水灌溉和施氮组合土壤化学性质的变化和细菌群落结构的变化特征；第 8 章为再生水灌溉对设施蔬菜产量和土壤环境因子的影响研究，主要研究了再生水灌溉和清水灌溉对蔬菜产量、土壤全氮、土壤全磷、土壤有机质含量动态变化影响；第 9 章为结论与展望。

本书是中国农业科学院农田灌溉研究所相关科研项目全体项目研究人员辛勤劳动的结晶。全书由郭魏、李平、齐学斌统稿。主要撰写者分工如下:第 1 章由郭魏、李平、齐学斌、李桐撰写,第 2 章由郭魏、李平、齐学斌、裴青宝撰写,第 3 章由郭魏、韩洋、胡超、李呈辉撰写,第 4 章由李平、郭魏、张芳、高芸撰写,第 5 章由郭魏、周媛、李平、肖亚涛撰写,第 6 章由李平、郭魏、梁志杰、李中生撰写,第 7 章由郭魏、齐学斌、白芳芳、张彦撰写,第 8 章由郭魏、齐学斌、赵志娟、杜臻杰撰写,第 9 章由郭魏、佘映军、李开阳、李涛撰写。

除上述撰写人员外,先后参加项目研究的还有刘铎、胡艳玲、高青、樊涛等,在此表示感谢! 另外,本书还参考了其他专家的研究成果与资料,均已在参考文献中列出,在此一并致谢! 特别感谢黄河水利出版社在出版过程中给予的大力支持和帮助。

由于作者水平有限,文中欠妥或疏漏之处在所难免,敬请广大读者批评指正。

作　者

2022 年 6 月

目　录

第 1 章 绪 论

1.1 研究背景与意义

　　水资源短缺与环境恶化已经成为当前中国农业生产所面临的重大挑战和生态问题。据估计,全国年均缺水量约 400 亿 m³,农田灌溉、城市及工业年缺水量分别约为 300 亿 m³、60 亿 m³。预计到 2025 年,世界 2/3 的人口可能面临水资源短缺。中国面临着严峻的水资源供需矛盾,即便是江苏、浙江等丰水地区,水质型缺水问题依然突出。随着工业和城市用水的大量消耗,中国农业灌溉用水缺口每年达到 600 亿 m³,并呈逐年加大趋势(陈苏春等,2022)。随着水资源短缺矛盾的不断加剧,作为替代水资源的再生水农业利用日益受到重视(King B et al.,2017;Zhang et al.,2017)。加强再生水的利用对于缓解城市水资源供需矛盾有着非常重要的作用。2020 年度《中国水资源公报》显示,2020 年我国再生水利用量为 109 亿 m³,与 2011 年再生水利用量相比增加了 2 倍多,全国再生水生产能力达到 6 095.2 万 m³/d(中华人民共和国水利部,2021)。开展再生水灌溉研究、提高水资源利用效率对于缓解中国水资源供需矛盾和保证农业的可持续发展具有重要意义。

　　再生水中含有较为丰富的营养物质可供作物吸收利用,用于农业灌溉是安全可行的(Precious,2021)。已有研究表明,再生水灌溉在一定程度上提高了作物产量(Gu et al.,2019;吴卫熊等,2016)。此外,再生水中含有丰富的氮素,再生水灌溉常规水肥管理将影响农产品的品质和农田生态系统健康。如何利用再生水中氮素、减少氮肥施用量,与降低农业面源污染、改善生态环境及提高土壤可持续生产力密切相关。土壤微生物和酶活性为农业生态系统中土壤胁迫或生态修复过程的早期敏感指标,因此开展再生水灌溉下土壤理化性质、与氮素生物有效性相关的土壤酶活性及土壤微生物群落的研究,对于再生水灌溉安全利用和可持续发展具有重要意义。本书在概述国内外再生水灌溉研究现状的基础上,对再生水灌溉土壤氮素生物有效性、相关土壤微生物及土壤酶活性的影响进行研究,以期为再生水水肥安全高效调控提供理论基础。

再生水农业安全利用一直是国内外关注的焦点。土壤重金属、盐分(EC)、pH、养分、持久性有机污染物等含量变化特征、土壤植物修复、灌溉方式等是目前再生水土壤灌溉研究的主要方面(吉时育,2022;徐傲等,2021;韩洋等,2020;胡廷飞等,2020)。再生水灌溉对植株系统影响的研究主要集中在作物和蔬菜产量、品质的影响以及植株生理生化等方面(Hashem et al.,2022;Shweti,2018;Wang et al.,2017;)。氮气固定、某些特殊化合物(如纤维素)循环、转化、分解过程中都需要微生物发挥重要作用,所以在再生水灌溉生态环境下研究微生物种类和生理功能具有重要意义。因生活污水含氮量较高,再生水农田灌溉易导致种植土壤酸化。

针对上述问题,本书以清水灌溉作为对照,主要研究再生水灌溉下不同灌溉周期氮素生物有效性及其微生物群落的变化特征,揭示再生水灌溉下氮素生物活性的土壤微生物群落的变化规律,为科学利用再生水资源,实现再生水灌溉农田生态安全提供理论依据。

1.2　再生水灌溉研究进展

1.2.1　再生水灌溉研究现状

我国污水资源化利用研究起步于 20 世纪 50 年代末 60 年代初,早期发展缓慢。21 世纪以来再生水灌溉发展迅速,90%以上集中在北方水资源严重短缺的黄淮海及辽河流域,且主要集中在北方大、中城市的近郊区。再生水在一定条件下能够替代污水深度处理工艺,减轻了污水处理负担。2021 年,国家发展和改革委员会联合九部委共同印发了《关于推进污水资源化利用的指导意见》,要求在城镇、工业和农业农村等领域系统开展污水资源化利用,开展试点示范,推动污水资源化利用实现高质量发展(中华人民共和国国家发展和改革委员会,2021)。因再生水水质受不同污水来源、地区、季节、处理工艺的影响,再生水水质差异较大,再生水利用存在一定风险。同时,再生水利用管理时也存在着土壤盐渍化、氮素地下水污染、重金属等痕量元素土壤累积、新型污染物地下水污染及病原菌传播人体健康等生态风险(Gatta et al. 2020;Maryam et al. 2019;Wu et al.,2019)。另外,再生水灌溉风险的大小受再生水水质、灌水水平和灌溉方式等诸多因素的影响(崔丙健等,2019;韩洋等,2018)。短期的再生水灌溉不足以引起土壤重金属等的污染,长期再生水灌溉将给土壤带来一定的生态风险,土壤环境受到污染或者破坏进而影响土壤的生态功能。再生水用于农田灌溉的过程,土壤相当于一个深层净化处理系统,水中的养分和 EC 进入土壤的同时,渗入土壤剖面的再生水也逐步被净化,但一旦排入土壤中的各种污染物质超过土壤的自净能力就会对土壤特性、作物生长和品质存在不良影响,甚至影响人类健康。再生水中的养分有部分替代施肥的作用,可以减少肥料施用量进而减少环境污染。再生水中含有丰富的氮、磷,易造成水体的富营养化。受再生水利用风险的影响,目前再生水在我国主要用于工业、园林绿化、环卫等方面,再生水农田灌溉并未大面积应用。另外,再生水灌溉对土壤氮素、EC迁移及运移模拟、水肥交互作用对氮素利用效率及作物产量品质影响等方面均有一定研究,但再生水灌溉下适宜施肥对土壤微生物生物种群结构和活性效应的研究较少,应该加强农艺措施、工艺选择、处理能力与效能及病原微生物活性等方面的研究,从而为再生水安全灌溉提供理论依据。

1.2.2　再生水灌溉对土壤微生物多样性的影响

土壤微生物遗传多样性指在基因水平上微生物所携带的全部遗传物质和遗传信息的总和,它是微生物多样性的本质反映,具有提高对抗土壤微生态环境恶化的缓冲能力。原位土壤中95%~99%的微生物种群不能通过传统的方法进行分离和描述,新近发展的基因和分子方法,像末端限制性片段长度多态性技术、脂肪酸图谱技术和高通量测序技术等对土壤微生物群落多样性和结构产生了更多的信息。

由于再生水灌溉水质复杂,其对土壤微生物功能群的影响尚未有定论。再生水灌溉下影响土壤微生物优势菌群的变化主要是与土壤养分变化和有机碳氮转化密切相关。放线菌在促进植物生长、分解土壤中难分解的有机物、同化无机氮,分解碳水化合物等过程中起到关键作用。灌溉水质影响土壤微生物组成的变化(Guo et al.,2018)。龚雪等(2014)指出再生水灌溉促进芽孢杆菌的增加,其中总磷和总氮对链球菌属(Streptococcus)、气球菌属(Aerococcus)等影响显著。灌溉再生水促进了变形菌门(Proteobacteria)、芽单胞菌门(Gemmatimonadetes)、拟杆菌门(Bacteroidetes)数量的提高(Becerra-Castro等,2015)。马栋山等(2015)研究发现北京市再生水补水区主要优势菌属为芽孢杆菌属和假单胞菌属,其中变形菌门是主要的致病菌群,芽单胞菌具有很强的脱氮功能,拟杆菌是参与有机质(OM)矿化的主要贡献者,和再生水中有机碳、氮降解密切相关(Guo et al.,2015)。但也有研究表明,长期再生水灌溉和清水灌溉的土壤细菌数量和组成无明显差异(Li et al.,2019)。此外,灌溉类型、土壤质地、农艺方式、灌溉年限、灌溉技术及作物品系等也将对微生物群落多样性产生重大影响。

1.2.3 再生水灌溉对土壤微生物及土壤酶活性的影响

1.2.3.1 再生水灌溉对土壤微生物的影响

土壤中含有大量的微生物群落,微生物种类的多样性是反映土壤质量的重要指标(范梦雨,2018)。土壤微生物是再生水灌溉对环境安全效应评价的重要指标,土壤微生物学特性可用作评价土壤健康的生物指标。土壤微生物量碳、氮、磷是土壤微生物量的主要组成成分,其与土壤中各种营养物质的循环息息相关,土壤微生物生物量可作为环境变化的重要生命指标之一,土壤微生物群落结构更被认为是预警生态系统变化的敏感生物指标(张青等,2022)。其主要表现在两个方面:一是土壤微生物参与土壤有机养分的矿化及转化,是土壤有效氮和有效磷的重要来源;二是在一定程度上土壤微生物量对土壤氮和磷生物有效性起支配作用。微生物量碳和氮是土壤碳、氮循环中养分供应的库和源。土壤微生物活性能够作为评价再生水灌溉对环境安全效应的重要指标。施宠等(2016)的研究表明,与清水灌溉相比,再生水灌溉有利于萝卜根际微生物各类群数量的增加,丰富微生物多样性。潘能等(2012)的研究显示,公园绿地长期再生水灌溉有助于土壤微生物量碳和酶活性的提高。再生水中含有的丰富营养物质刺激了微生物的生长,进而促进了土壤微生物量的增加。微生物生物量是表征土壤生物活性的一个强有力指标,能够通过微生物生物总量的比较而认识农业措施和污染对土壤质量的影响,但仍有不足之处,其在一定程度上只能够反映部分专性微生物,与土壤有效养分转化密切相关的土壤微生物群落代谢机制仍需进一步深入研究。

1.2.3.2　再生水灌溉对土壤酶活性的影响

蔗糖酶不仅表征土壤生物活性强度,也用来表征土壤肥力水平。过氧化氢酶具有一定的解毒作用,与土壤生物活性的抗逆性密切相关;脲酶活性与土壤的全氮(TN)、速效氮含量、OM 含量和微生物数量呈正相关。周媛等(2016)通过田间小区试验研究发现,再生水灌溉提高了土壤脲酶和淀粉酶活性,降低了土壤蔗糖酶和过氧化氢酶活性。韩洋等(2018)进行室内土柱模拟研究表明,再生水浇灌一定程度上提高了土壤的脲酶和蔗糖酶的活性。莫宇等(2022)通过盆栽试验研究表明,再生水灌溉显著增加了 0~10 cm 土层脲酶活性。再生水灌溉不仅引起土壤理化性质的改变,且土壤生物活性作为土壤环境变化的敏感因子,日益成为研究和关注的热点,并对今后再生水灌溉生态效应安全评价研究提供了依据。

1.2.3.3　土壤氮素与土壤微生物的关系

生物固氮是土壤中有效性氮素的重要来源,构成全球氮循环的中心环节,固氮微生物群落多样性的变化直接反映土壤固氮效率和土壤氮素循环的正常运转(李刚等,2013)。土壤氨化、硝化、固氮及纤维素分解作用的强度是在土壤微生物各主要生理类群直接参与下进行的,这些微生物群体对维系土壤生态系统的碳、氮平衡具有重要作用。其中,亚硝化单胞菌属和硝化杆菌属是硝化过程的主要参与者。反硝化过程中所形成的氮气、氧化亚氮等气态无机氮的情况是造成土壤氮素损失、土壤肥力下降的重要原因之一。土壤通过硝化细菌的活动氧化为硝酸,易造成硝酸盐的累积。氨氧化微生物(氨氧化古菌-AOA 和氨氧化细菌-AOB)可通过编码氨单加氧酶的基因实现对铵态氮(NH_4^+—N)的氧化过程(安丽荣等,2021)。氮肥等肥料的施用,能够促进纤维素分解菌的增长,其在碳素循环过程中有重大作用。大量施用铵盐或硝酸盐肥料,所产生的硝酸除了被植物吸收和微生物固定外,较多的一部分随水流失,不但造成氮素损失,也导致环境污染。长期施用化肥氮会造成设施土壤 pH 下降,土壤酸化会使土壤出现板结、养分流失及影响微生物活性等(滕颖等,2020)。

1.2.4 再生水灌溉对氮素生物有效性的影响

研究表明,外源施氮对再生水灌溉设施土壤氮素矿化具有正激发效应(李平等,2019)。赵忠明等(2012)对长期再生水灌溉下北京市典型再生水灌溉区的研究表明再生水灌溉增加了土壤 OM、总碳、总氮含量,但降低了土壤 pH。Chen 等(2015)通过不同年限再生水灌溉研究发现其土壤总氮和土壤微生物活性显著提高,再生水长期灌溉可以有效改善土壤的有机碳氮库,减少施肥量。适量减氮并辅以再生水灌溉处理能够提高土壤供氮能力和自净能力,增强土壤解毒能力并提升土壤肥力,减少再生水的排放和氮肥用量(周媛等,2016)。长期再生水灌溉对土壤氮素含量及氮素利用效率均具有一定促进作用,但短期效果不明显。此外,再生水灌溉对地下水质的威胁仍不容忽视。

1.2.5 再生水灌溉对植株产量品质的影响

国内外针对再生水灌溉对作物品质影响的研究相对较多,主要集中在采用不同处理级别的再生水对粮食作物、蔬菜种类等进行灌溉,其对产量、品质、常规营养、微量元素、重金属含量以及蔬菜中的微生物残留等指标进行研究(Li et al.,2019;Lu et al.,2016)。

吴卫熊等(2016)通过大田试验研究表明,由于再生水中富含氮、磷、钾等元素,可以有效促进甘蔗的分蘖和蔗茎的生长,提高甘蔗的单产。曹玉钧等(2021)的研究指出,再生水灌溉有利于紫花苜蓿株高、茎粗和干草产量的增加以及苜蓿氮、钾和镁等元素的增加。刘惠青等(2016)通过田间小区试验研究表明,再生水和自来水混灌能明显增加苜蓿产草量,随着再生水灌溉占比逐渐降低,苜蓿粗蛋白呈先升高再降低的趋势。但也有研究表明使用再生水灌溉对蔬菜质量(维生素C、可溶性糖、粗灰分、氨基酸含量和硝酸盐水平)没有显著影响(Wang et al.,2017)。

　　此外,再生水灌溉下更详细的微生物群体动力学机制研究仍然缺乏,主要是受描述复杂的微生物群落时传统技术和传统培养方法方面的限制。以往研究大多数是基于如末端限制性片段长度多态性、磷脂脂肪酸(PLFA)分析、变性梯度凝胶电泳及单链构象多态性等方法对森林、再生矿区、农田土壤微生物群落的研究(施宠等,2016;Li et al.,2013),而通过高通量测序技术探讨不同氮素水平再生水灌溉下的土壤微生物群落变化的研究仍然缺乏。在门的水平,微生物组分分析模式不能提供足够的分辨率捕捉群落的复杂动力学。此外,基于16 s rDNA调查的另一个主要的限制是我们不可能知道这些操作分类单元(operational taxonomic units,OTU)的生物学作用。从过去十年的比较基因组学研究我们知道,即使是密切相关的菌株,由于其基因含量的细微差异,同一物种可能占据不同的生态位。虽然454焦磷酸测序技术提供的采样深度远远高于传统的非培养方法,使用的试验设计似乎不足以完全量化个体样本中细菌的多样性。每个样本的样品深度大于10 000条读长可能要求更好地描述这些细菌群落的多样性。序列长度的减少会影响OTU识别的分辨率和分类分配,而Illumina公司的测序技术可以提供更高的测序量。

第 2 章　施氮和再生水灌溉对土壤微环境的影响

目前,在我国农业生产中,为了提高作物产量,常投入大量的氮肥,经淋洗、径流损失、氨挥发等过程损失大量的氮肥。设施蔬菜种植过程中氮肥施用量惊人,环境污染风险严重。再生水中含有丰富的氮、磷等营养元素,再生水灌溉环境安全性和长期生态风险却一直备受人们的关注(龚雪等,2014),目前再生水灌溉的环境效应评价,主要集中在土壤酶活性(莫宇等,2022;李阳等,2015)、土壤微生物功能群(Hussain et al.,2020;Thayanukul et al.,2013)的影响等方面,然而针对不同施氮水平下再生水灌溉对土壤微生物群落结构和相关酶活性的研究还比较薄弱,对于再生水灌溉条件下蔬菜氮素生物有效性、土壤微环境相关研究尚不多见。因此,本书以清水灌溉为对照,通过不同施氮水平短期再生水灌溉条件下土壤微环境动态响应特征及典范对应分析(CCA)研究,以期探明再生水灌溉对土壤微环境调控过程及土壤氮素生物有效性提升的微生物学机制,从而为再生水农业安全利用及合理施肥提供科学依据。

2.1　试验设计、观测内容与方法

2.1.1　试验设计

试验地点为河南新乡洪门试验站暨中国农业科学院农田灌溉研究所河南新乡农业水土环境野外科学观测试验站温室大棚,试验材料为盆栽种植小白菜,试验用直径 30 cm、高 25 cm 的 PVC 材质花盆。试验土壤取自试验站内试验地表层(0～20 cm)的沙壤土,室内风干后过 2 mm 筛,其土壤理化性质:黏粒、粉粒、沙粒含量分别为 20.64%、55.19%、24.17%,TN、全磷(TP)含量分别为 1.20 g/kg、0.83 g/kg,pH 为 8.26,EC 为 0.39 ds/m,OM 为 32.85 g/kg。每盆装土 6 kg,底肥:P_2O_5 为 100 mg/kg;K_2O 为 300 mg/kg;5 个氮肥水平,即 N_0、N_1、N_2、N_3、N_4 分别为 0、80 mg/kg、100 mg/kg、120 mg/kg、180 mg/kg;灌水水质设 2 个水平,即清水(C)、再生水(R)。试验共计 10 个处理,记为 CN_0、CN_1、CN_2、CN_3、CN_4、RN_0、RN_1、RN_2、RN_3、RN_4;每个处理设 6 次重复,共 60 盆,随机排列。试验用水取自骆驼湾污水处理厂,污水来源为城市生活污水,水质指标详见表 2-1。试验用白色 PVC 花盆,每盆装土 6 kg,小白菜播种时每盆 7 穴,每穴 2 粒,成苗后留 7 株。隔天称盆重,记录重量,当土壤水降到最大持水量 50%～60% 时浇水,记录每次浇水量。

表 2-1 试验中灌溉水水质指标

监测项目	NO_3^-—N/(mg/L)	NH_4^+—N/(mg/L)	TN/(mg/L)	TP/(mg/L)	pH	EC/(mg/L)
清水	5.82	0	1.49	0	7.56	1
再生水	14.54	5.64	15.31	0.83	7.45	2.23

监测项目	Cu/(mg/L)	Cd/(mg/L)	Pb/(mg/L)	Zn/(mg/L)	Cr/(mg/L)	COD_{Mn}/(mg/L)
清水	0.001	0.007	0.001	0.002	0.001	6.9
再生水	0.003	0.003	0.005	0.008	0.003	17.3

小白菜收获后采集土壤样品,整盆土壤混匀,将土壤样品剔除

根系残体,装在灭菌密封的氟乙烯塑料袋中,用冷藏箱 4 ℃保存带回实验室。样品分两部分处理:一部分风干进行理化指标测定,剩余土壤样品于−20 ℃下保存供土壤微生物区系分析。小白菜收获后插入内径 10.5 cm(与呼吸室内径相同)的塑料管,每个管子旁边放置一个内径 10.5 cm、长 4.5 cm 的土壤环,一段时间后用 LI-6400 光合作用测定仪(配带土壤呼吸室)测定土壤呼吸。整个试验过程中的土壤温度通过 LGR-DW 多点地温记录仪全程记录(采样间隔时间为 30 min)。

2.1.2　观测内容与方法

2.1.2.1　水质指标测定

试验用水取自骆驼湾污水处理厂经处理的城市生活污水。每次灌水时采集灌水水样,每次采集清水和再生水水样各 2 瓶,每瓶各 500 mL 装于聚乙烯塑料取水瓶中,并及时检验分析。水样硝态氮(NO_3^-—N)、NH_4^+—N 的测定采用流动分析仪(德国 BRAN-LUEBBE AA3),pH 采用 PHS-1 型酸度计测定,电导率(EC)采用电导仪测定,COD 采用 COD 分析仪分析测定。再生水和清水水样重的 Cu、Cd、Pb、Zn、Cr 含量采用微波消解原子吸收分光光度法测定。

2.1.2.2　土壤化学指标测定

土壤养分含量的测定方法:测定土壤中 TN、TP、NO_3^-—N、NH_4^+—N、OM、总有机碳、pH 含量。

采用流动分析仪(德国 BRAN-LUEBBE AA3)测定土壤 TN、TP、NO_3^-—N 和 NH_4^+—N。

称取鲜土样 10 g,采用 2 mol/L $CaCl_2$溶液 50 mL,振荡 30 min 后过滤,滤液用于土壤 NO_3^-—N 的测定,水土比为 5:1。

称取鲜土样 20 g,采用 2 mol/L $CaCl_2$溶液 50 mL,振荡 30 min 后过滤,滤液用于土壤 NH_4^+—N 的测定,水土比为 2.5:1。

土壤 OM 采用重铬酸钾氧化-容量法测定;pH 采用 PHS-1 型酸度计测定,土壤可溶性盐采用电导法测定(DDB-303A 型便携式电导率仪,上海雷磁)(鲍士旦,2005)。

土壤含水量(SWC)采用烘干法测定。

总有机碳量测定采用重铬酸钾氧化还原法(鲍士旦,2005)。

速效钾含量的测定采用醋酸铵浸提-火焰光度计法(2655-00 火焰光度计)。

2.1.2.3 土壤酶活性测定

土壤脲酶采用靛酚比色法测定,其活性以反应 24 h 后 1 g 土壤中释放 NH_3—N 的质量表示。过氧化氢酶采用高锰酸钾滴定法测定,其活性以 1 g 土壤消耗 0.1 mol/L $KMnO_4$ 的体积(mL)表示。蔗糖酶采用 3,5—二硝基水杨酸比色法测定,其活性以 24 h 后 1 g 土壤葡萄糖的毫克数表示。

2.1.2.4 土壤微生物活性测定

土壤细菌培养采用牛肉膏蛋白胨培养基,土壤悬液稀释度为 $10^{-3} \sim 10^{-5}$,土壤真菌培养采用孟加拉红培养基,土壤悬液稀释度为 $10^{-1} \sim 10^{-3}$,氨化细菌培养采用最大或然数(most probable number, MPN)多管发酵法,土壤悬液稀释度为 $10^{-5} \sim 10^{-8}$,每一稀释度重复 3 次。

2.2　结果与分析

2.2.1　再生水灌溉对土壤化学性质的影响

从表 2-2 可以看出,在 N_2、N_3、N_4 处理下,清水处理土壤 TN 含量高于再生水处理,相同氮素水平下,清水和再生水灌溉对土壤 TN、TP 无明显影响($P>0.05$),随着氮素水平的提高,土壤 TP 呈现先升高后降低的趋势。再生水灌溉条件下,土壤 EC 和含水量

显著高于清水处理（$P<0.05$）。再生水灌溉下土壤 EC 为 1.04 ~
1.32 dS/m，再生水灌溉土壤 EC 大致是清水灌溉土壤的 1.5 倍。
再生水灌溉条件下，更加有利于养分吸收，促进植株生长，但同时
易造成 EC 累积。一些研究发现再生水含有高浓度碳酸氢根、丰
富的营养元素及盐分，会导致土壤 pH 值上升。在本书中，2 个灌
溉处理的土壤 pH 约为 8，变化较小，这与土壤的缓冲能力有关。
随氮素水平的增加，OM 呈增加趋势。土壤 EC 的积累受许多因素
影响，包括灌溉用水质量、灌溉方式、土壤性质和植物吸收特征。
C/N 反应土壤 C、N 营养平衡状况，通常作为土壤氮素矿化能力的
标志，较高的碳含量有利于作物对氮素的吸收利用和氮的反硝化
作用。一般认为，当 C/N<15 时，氮素矿化作用最初所提供的有效
氮量会超过微生物的同化量（Mohan et al.，2016）。N_3、N_4 水平
下，再生水灌溉土壤 C/N 值在 14.55 ~ 14.74，自来水灌溉土壤
C/N 高于再生水灌溉表明再生水具有较高的氮素有效性，生物活
性较高。

2.2.2　再生水灌溉对土壤微生物区系和土壤酶活性的影响

不同施氮水平再生水灌溉对土壤微生物数量和酶活性的影响
见表 2-3。不同施氮水平再生水灌溉对土壤细菌、氨化细菌存在
显著差异（$P<0.05$）。在 N_0、N_1、N_2 水平下，土壤细菌、氨化细菌
表现为清水高于再生水处理。N_3 水平下，土壤细菌、氨化细菌表
现为再生水显著高于清水处理（$P<0.05$）。在 N_1、N_2、N_3 水平下，
土壤真菌数量表现为再生水高于清水。在 N_4 水平下，清水灌溉下
的真菌数量高于再生水灌溉。与清水灌溉相比，在低氮水平下，再
生水灌溉促进土壤真菌生长，抑制土壤细菌和氨化细菌增长。在
高氮水平下，再生水灌溉促进土壤细菌和氨化细菌增长，抑制土壤
真菌生长。

表 2-2　不同处理下土壤化学性质的变化

处理	OM/(g/kg)	TN/(g/kg)	TP/(g/kg)	pH	EC/(μs/cm)	C/N	SWC/%
CN_0	30.04±3.01ab	0.94±0.01bcd	0.82±0.02bc	8.24±0.10abcd	627.67±104.62e	18.56±2.17a	11.50±0.77c
RN_0	32.33±0.67a	0.94±0.01bcd	0.81±0.02bc	8.31±0.05a	1 175.67±179.24ab	19.95±0.68a	15.81±0.57ab
CN_1	26.17±1.11c	1.00±0.02abc	0.82±0.02bc	8.18±0.07cdfe	717.67±84.11de	15.14±0.62bc	11.22±1.00c
RN_1	27.23±1.57bc	1.01±0.01ab	0.84±0.00abc	8.20±0.04cdf	1 135.33±34.02ab	15.64±1.04bc	15.29±1.32b
CN_2	25.92±0.87c	0.99±0.02abcd	0.82±0.02bc	8.11±0.02fg	820.00±56.35de	15.14±0.13bc	14.02±1.58b
RN_2	26.15±2.31c	0.93±0.02cd	0.84±0.02abc	8.22±0.03bcd	1 103.33±25.17b	16.37±1.44b	15.70±1.70b
CN_3	24.88±1.77c	0.99±0.02abcd	0.87±0.05a	8.06±0.02g	830.00±20.00de	14.62±0.48bc	11.12±0.86c
RN_3	24.54±3.01c	0.92±0.01d	0.80±0.02c	8.16±0.02dfe	1 318.00±216.46a	14.55±2.07bc	14.71±1.02b
CN_4	26.15±1.03c	0.99±0.03abcd	0.83±0.03bc	8.29±0.06ab	891.00±74.65cd	15.29±0.40bc	12.00±0.34c
RN_4	24.34±1.49c	0.97±0.06abcd	0.83±0.03abc	8.26±0.04abc	1 041.33±115.93bc	14.74±2.45bc	14.45±1.63b

注:同列数据后不同小写字母表示不同处理间在 $P<0.05$ 水平下差异显著,下同。

表 2-3　再生水灌溉对土壤微生物数量和土壤酶活性的影响

处理	脲酶活性/(mg/g)	蔗糖酶活性/(mg/g)	过氧化氢酶活性/(mL/g)	细菌数量/(×10^4 cfu/g)	氨化细菌数量/(×10^4 cfu/g)	真菌数量/(×10^2 cfu/g)
CN_0	1.80±0.11bc	13.33±0.81a	0.15±0.01c	170±29.0de	105±9.8cd	88±8.5bc
RN_0	2.11±0.15a	11.49±0.36bc	0.15±0.01cd	139±18.0e	90±10d	81±5.3bcd
CN_1	1.80±0.15b	13.51±0.84a	0.13±0.01e	237±39.5b	101±5.9cd	94±1.5a
RN_1	1.71±0.08bc	12.00±1.08b	0.13±0.01de	234±22.2b	39±5.1e	115±5.0a
CN_2	1.51±0.11d	12.42±0.42ab	0.14±0.01cd	285±35.6a	122±17.6bc	46±9.3e
RN_2	1.53±0.14de	10.42±0.55c	0.16±0.02b	129±19.9e	104±9.9cd	75±13.3e
CN_3	1.73±0.08c	10.68±0.69c	0.18±0.03b	170±13.7de	98±1cd	59±7.4de
RN_3	1.77±0.01bc	10.25±0.48c	0.19±0.03b	220±24.0bc	171±38.7a	62±13.6cde
CN_4	1.49±0.07de	10.59±0.67c	0.23±0.01a	88±22.1cd	94±19.0cd	86±8.3bc
RN_4	1.37±0.13e	8.61±0.39d	0.22±0.01a	148±14.7de	144±16.4ab	81±9.0bcd

　　不同施氮水平再生水灌溉对土壤过氧化氢酶和脲酶活性影响差异显著($P<0.05$)。高氮对过氧化氢酶活性起促进作用,然而却对脲酶和蔗糖酶活性起抑制作用。相同施氮素水平下,再生水土壤蔗糖酶活性显著低于清水灌溉处理($P<0.05$),土壤蔗糖酶活性降低4.03%~18.69%;再生水土壤脲酶活性最高提高17.13%,过氧化氢酶活性最高提高14.39%。灌水水质对土壤过氧化氢酶活性及脲酶活性影响并不明显。相同灌水水质条件下,脲酶和蔗糖酶活性随施氮水平的增加而逐渐降低,过氧化氢酶活性随施氮水平的增加而逐渐增加。再生水灌溉提高了土壤脲酶、过氧化氢酶活性,降低了蔗糖酶活性;氮素能够促进土壤过氧化氢酶活性,抑制脲酶和蔗糖酶活性。

2.2.3　再生水灌溉对土壤呼吸和土壤温度的影响

　　不同处理土壤呼吸和土壤温度随施氮水平变化详见图2-1。相同施氮水平,再生水灌溉处理 RN_0、RN_1、RN_2、RN_3、RN_4 土壤呼吸均显著强于对应清水灌溉处理,分别为 1.45 μmol/($m^2 \cdot s$)、1.76 μmol/($m^2 \cdot s$)、1.84 μmol/($m^2 \cdot s$)、2.22 μmol/($m^2 \cdot s$)、1.63 μmol/($m^2 \cdot s$);清水灌溉处理,土壤呼吸及土壤温度随着施氮量增加而逐渐增加,再生水灌溉处理,N_3 处理土壤温度最低为 26.11 ℃,土壤呼吸为 2.22 μmol/($m^2 \cdot s$)。相同氮素水平条件下,土壤温度表现为再生水灌溉处理高于清水灌溉处理。在相同施氮水平下,再生水处理的土壤呼吸速率高于清水处理,这可能是因为再生水中氮和磷相对丰富,在再生水灌溉处理中,微生物的活性得到了提高。

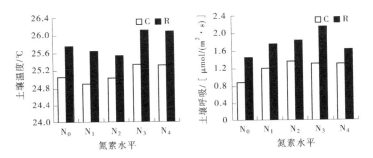

图 2-1　再生水灌溉下不同处理土壤呼吸和土壤温度随施氮水平变化

2.2.4　再生水灌溉土壤化学性质和生物活性之间相关性分析

从表 2-4 可知,土壤 pH 与土壤氨化细菌呈极显著的负相关,土壤总氮与总磷呈显著的正相关;土壤总氮、NO_3^-—N 与细菌数量存在极显著的正相关关系,与真菌数量无明显相关关系。土壤酶活性和土壤养分密切相关,一般土壤养分含量越高,土壤酶活性越高,OM 与细菌数量呈极显著的负相关,与过氧化氢酶呈显著的负相关,与脲酶呈显著的正相关,说明 OM 含量的高低是影响土壤细菌和土壤酶活的关键因素。NO_3^-—N 含量与细菌数量、氨化细菌数量,过氧化氢酶活性呈显著的正相关,与脲酶呈显著的负相关,温度与氨化细菌数量呈极显著的正相关。氮素有利于细菌、氨化细菌数量的增加,但对真菌数量的影响较小。蔗糖酶活性与 NO_3^-—N 含量、pH、温度、过氧化氢酶活性存在极显著的负相关关系,与细菌、脲酶存在显著的正相关关系,表明蔗糖酶对土壤环境的变化较敏感。土壤微生物与酶活性是评价再生水灌溉对环境安全效应的重要指标(潘能等,2012)。土壤有机碳、微生物量和酶活性之间关系密切。

表 2-4　土壤化学指标与土壤微生物数量及酶活性之间相关矩阵

	TN	TP	OM	NO_3^--N	EC	pH	T	SWC	Bac	Fun	Amm	Ure	Cat	Suc
TN	1													
TP	0.37*	1												
SOM	-0.25	-0.31	1											
NO_3^--N	0.24	0.08	-0.66**	1										
EC	-0.2	-0.16	-0.06	0.25	1									
pH	-0.3	-0.34	0.34	-0.15	0.13	1								
T	-0.17	-0.09	-0.16	0.36*	0.77**	0.23	1							
SWC	-0.08	-0.13	0.05	0.08	0.70**	0.19	0.61**	1						
Bac	0.48**	0.11	-0.36*	0.49**	0.1	-0.47**	0.1	0.16	1					
Fun	0.31	0.04	0.26	-0.09	0.04	0.25	0.11	-0.1	0.17	1				
Amm	-0.04	0.04	-0.37*	0.58**	-0.18	0.23	0.43**	0.19	0.46**	-0.25	1			
Ure	-0.17	-0.17	0.26*	-0.49**	-0.05	-0.01	0.11	-0.18	-0.03	0.29	-0.21	1		
Cat	0.19	0.21	-0.42*	0.44**	0.41	0.31	0.43**	0.07	0.26	0.06	0.57**	-0.52**	1	
Suc	0.26	-0.07	0.34	-0.53*	-0.12	-0.51**	-0.64**	-0.34	0.40*	0.26	0.22	0.45**	-0.71**	1

注：* 为 $P<0.05$，** 为 $P<0.01$；Bac 为细菌总数，Fun 为真菌总数，Amm 为氨化细菌总数，Ure 为脲酶活性，Cat 为过氧化氢酶活性，Suc 为蔗糖酶活性。

2.2.5 再生水灌溉土壤微生物群落与化学性质的典范 对应关系分析

CCA 排序如图 2-2 所示,其中环境因子用箭头表示,箭头连线 的长短表示微生物物种分布与环境因子相关性的大小,箭头连线与 排序轴夹角的大小表示土壤化学性质与排序轴相关性的大小,夹角 越小说明关系越密切;箭头所处的象限表示土壤化学性质与排序轴 之间的正负相关性;物种之间的线段距离长短代表了物种间的亲疏 关系(龚雪等,2014;张金屯等,2004)。由图 2-2 可知:Verrucomicro-bia 和 Gemmatimonadetes 分布差异较小,Firmicutes 和 Actinobacteria 分布差异较小,Acidobacteria、Proteobacteria 和 Others 分布较集中, NO_3^-—N、TP 对 Verrucomicrobia 和 Gemmatimonadetes 的影响较大,

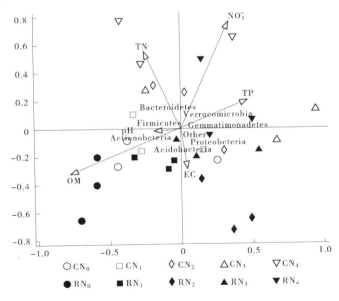

图 2-2 土壤细菌样方、物种与环境因子的典范对应分析(CCA)

pH 和 OM 对 Firmicutes 和 Actinobacteria 的影响较大。NO_3^-—N、TP、EC 对再生水灌溉土壤微生物群落结构影响较大,TP、pH 和 OM 对清水灌溉土壤微生物影响较大。富营养化的细菌在高碳营养丰富的环境中表现丰富,而贫营养化的细菌在低碳营养不丰富环境中含量高。化学指标变化、土壤微生物群落的结构显示出一定的空间差异:NO_3^-—N 和 TP 对 Verrucomicrobia 和 Gemmatimonadetes 有较大影响,而 pH 和 OM 对厚壁菌和放线菌的影响较大。土壤微生物群落结构的特征受到土壤质量的强烈影响。

2.3 小 结

（1）与清水灌溉相比,再生水灌溉对土壤 OM、TP 的影响无明显差异,显著增加了土壤 EC,说明再生水处理过程中磷去除率较高,灌溉过程中不会造成磷元素累积,但加速了土壤的盐化。相同施氮水平下,土壤呼吸、土壤温度、土壤含水量均表现为再生水高于清水,这可能与再生水灌溉条件下,氮、磷营养元素较为丰富,微生物的活动较为强烈有关。

C/N 是衡量土壤 C、N 营养平衡状况的指标,被认为是土壤氮素矿化能力的标志,较高的碳含量有利于作物对氮素的吸收利用和氮的反硝化过程(程先军等,2012)。一般认为,当 C/N<15 时,氮素矿化作用最初所提供的有效氮量会超过微生物的同化量(Mohan et al.,2016;陈春瑜等,2012)。N_3、N_4 水平下,土壤 C/N 值在 14.55~14.74,自来水灌溉土壤 C/N 高于再生水灌溉,说明再生水灌溉条件下,土壤有效氮含量增加,表明再生水具有较高的氮素有效性。

（2）土壤微生物与酶活性是评价再生水灌溉对环境安全效应的重要指标(潘能等,2012)。在低氮水平下,再生水灌溉对土壤真菌起促进作用,对土壤细菌无明显影响;在高氮水平下,再生水灌溉促进土壤细菌、氨化细菌的增长,抑制土壤真菌的生长,随着氮素水平的提高,土壤细菌表现为先升高后降低的趋势。在高的氮素水平下,再生水灌溉更加有利于土壤微生物增长,可能是丰富的氮、磷等能源物质,可促进微生物增长。另外,再生水中可能含有一些能够与土壤中菌属具有协同生长的微生物。在短期灌溉情况下,再生水灌溉显著降低土壤蔗糖酶活性,水质对土壤过氧化氢酶活性无显著影响,随着氮素水平的提高,土壤过氧化氢酶活性表现为逐渐升高的趋势,脲酶和蔗糖酶活性呈逐渐降低的趋势,说明氮素能够促进土壤过氧化氢酶活性,抑制脲酶和蔗糖酶活性。

　　(3)通过对土壤化学性质和主要生物活性进行相关分析,细菌总数与总氮、NO_3^-—N 呈正相关,与 OM、pH 呈负相关;真菌与氮素无明显相关;氨化细菌与 NO_3^-—N、温度、细菌数量、过氧化氢酶呈正相关,与 OM 呈负相关。丰富的氮素刺激了微生物的生长和繁殖,同时微生物参与土壤碳、氮、磷循环,进而影响土壤 pH、土壤酶活性等,可见土壤微生物、酶活性与土壤理化性质之间相互影响、相互促进。通过 CANOCO 4.5 进行 CCA 分析,NO_3^-—N、TP 和 EC 是影响再生水灌溉土壤的主要环境因子;随着土壤化学性状的变化,土壤微生物群落结构呈现出一定的空间差异,其中 NO_3^-—N、TP 对 Verrucomicrobia 和 Gemmatimonadetes 的影响较大,pH 和 OM 对 Firmicutes 和 Actinobc 的影响较大,土壤微生物群落结构的特征受土壤质量的影响。

第 3 章　再生水灌溉年限
对设施土壤酶活性的影响

　　城市污水再生回用于农业是解决农业缺水的重要举措,也是实现农业可持续生产和粮食安全的重要保障。再生水中含有丰富的营养元素,再生水灌溉可改善土壤肥力,促进土壤酶活性的提升。目前,蔬菜生产中氮肥施用普遍过量,为了降低蔬菜生产中氮肥施用过剩而引起的环境污染问题,本书以清水为对照,通过监测4 年定位再生水灌溉条件下的设施土壤酶活性,探讨再生水灌溉对设施菜地土壤氮素利用驱动机制,以期为再生水可持续利用提供科学依据。

3.1　试验设计、观测内容与方法

3.1.1　试验概况

　　试验在河南新乡洪门试验站暨中国农科院农田灌溉研究所河南新乡农业水土环境野外科学观测试验站温室大棚中进行,试验站位于北纬 35°19″,东经 113°53″,海拔 73.2 m。多年平均降水量588.8 mm,多年平均气温 14.1 ℃,无霜期 210 d,日照时间 2 398.8 h。试验地土壤为粉沙黏壤土,耕层土壤 TN、TP、OM 质量分数分别为 0.60 g/kg、0.75 g/kg、12.80 g/kg。

3.1.2   试验设计

试验所用再生水取自试验站附近的河南省新乡市骆驼湾污水处理厂,污水主要来源为城市生活污水。试验取用 4 年定位再生水灌溉番茄收获后土样(0~10 mm、10~20 mm、20~30 mm、30~40 mm、40~60 mm 土层,经风干、磨细,过 2 mm 筛后备用),均为常规施氮 90 kg/hm²。试验设计再生水(Re)、清水(CK)2 种灌溉水质处理,每个处理 3 次重复,各处理试验小区随机排列。供试番茄为GBS-福石 1 号,种植密度为 4.5 万株/hm²,灌水方式为地表滴灌。

3.1.3   测定项目与方法

再生水水质测定指标包括 NO_3^-—N、NH_4^+—N、TN、TP 和高锰酸盐指数(COD_{Mn})、pH 及 EC 等,分别采用流动分析仪(德国BRAN LUEBBE AA3)和 COD 分析仪、PHS-1 型酸度计、电导仪进行测定。试验所用再生水取自河南省新乡市骆驼湾污水处理厂,处理工艺为 A/O 反硝化生物滤池和臭氧氧化组合工艺。再生水常规水质指标完全符合《农田灌溉水质标准》(GB 5084—2005)、《再生水水质标准》(SL 368—2006)和《城市污水再生利用农田灌溉用水水质》(GB 20922—2007)的规定,水质测定结果详见表 3-1。

土壤脲酶活性采用苯酚钠比色法测定,其活性以反应 24 h 后 1 g 土壤中释放 NH_3—N 的质量表示;土壤过氧化氢酶活性以20 min 后 1 g 风干土的 0.1 mol/L 高锰酸钾的毫升量表示。

表3-1 灌溉水质成分

监测项目	硝态氮/(mg/L)	铵态氮/(mg/L)	全氮/(mg/L)	全磷/(mg/L)	铜/(mg/L)	总镉/(μg/L)	铬(六价)/(μg/L)	高锰酸盐指数/(g/L)	pH	全盐量/(g/L)
清水	1.70	0.86	3.90	2.88	0.005	0.68	6.38	7.86	7.52	1.63
再生水	20.62	11.11	45.14	2.94	0.02	3.33	20.08	13.37	7.40	1.70
农田灌溉水质标准	—	—	—	—	1	10	100	60	5.5~8.5	1~2
再生水水质标准	—	—	—	—	—	10	100	90	5.5~8.5	—
城市污水再生利用农田灌溉用水水质	—	—	—	—	1	10	100	100	5.5~8.5	1

注:《农田灌溉水质标准》(GB 5084—2005)适用于生食类蔬菜、瓜类蔬菜、瓜类和草本水果,《再生水水质标准》(SL 368—2006)适用于再生水利用农田灌溉用水水果,《城市污水再生利用农田灌溉用水水质》(GB 20922—2007)适用于露地蔬菜。

3.2　不同年限再生水灌溉对
土壤脲酶活性的影响

　　再生水灌溉常规施氮下不同年限土壤脲酶活性如表 3-2 所示。从表 3-2 可看出,同一土层不同年份间土壤脲酶活性存在显著差异($P<0.05$)。与 2011 年相比,2012 年、2013 年、2014 年,0~10 cm 土层土壤脲酶活性分别提高了 14.18%、32.39%、18.19%,10~20 cm 土层土壤脲酶活性分别提高了 24.52%、42.09%、25.51%,20~30 cm 土层土壤脲酶活性分别提高了 38.30%、46.11%、46.24%,30~40 cm 土层土壤脲酶活性分别提高了 22.40%、50.15%、46.72%,40~60 cm 土层土壤脲酶活性分别提高了 5.89%、34.43%、57.46%。可见,与 2011 年相比,2012 年、2013 年、2014 年土壤脲酶活性均有一定程度提高。0~10 cm、10~20 cm、20~30 cm、30~40 cm、40~60 cm 土层内土壤脲酶活性从 2011 年到 2013 年均表现为上升趋势,但 2014 年土壤脲酶活性在 0~10 cm、10~20 cm 和 30~40 cm 土层内较 2013 年有所降低。总体上,采取再生水灌溉可提高土壤脲酶活性,但 2014 年土壤脲酶活性在 0~10 cm、10~20 cm 和 30~40 cm 土层内较 2013 年有所降低,这可能是因为长期再生水灌溉导致土壤 pH 降低及 EC 累积,土壤微生物种群产生变化、植物根系生长受到抑制,从而使土壤中脲酶活性下降(潘能等,2012)。

　　再生水灌溉不同土层脲酶活性的变化详见图 3-1。不同再生水灌溉年限土壤脲酶活性从表层土壤到底层土壤均呈现不同程度的降低趋势,耕层土壤(0~10 cm 和 10~20 cm)脲酶活性显著高于 20~30 cm、30~40 cm、40~60 cm 土层土壤。2011 年 0~10 cm、10~20 cm 土层土壤脲酶活性为 20 cm 以下土层的 1.45~3.92 倍;2012 年 0~10 cm、10~20 cm 土层土壤脲酶活性为 20 cm 以下土层的 1. 30~4. 23 倍；2013 年 0~10 cm、10~20 cm 土层土壤脲酶活性为 20 cm 以下土层的 1. 41~3. 86 倍；2014 年 0~10 cm、10~20 cm 土层土壤脲酶活性为 20 cm 以下土层的 1. 24~2. 95 倍。再生水灌溉常规施肥下，0~20 cm 土层脲酶活性显著增加，表明再生水灌溉促进了耕层土壤矿质氮的形成。

表 3-2　不同年限再生水灌溉的土壤脲酶活性

年份	各土层土壤脲酶活性/（mg/g）				
	0~10 cm	10~20 cm	20~30 cm	30~40 cm	40~60 cm
2011	1. 85±0. 07c	1. 21±0. 17b	0. 83±0. 11b	0. 66±0. 11c	0. 47±0. 05c
2012	2. 12±0. 08b	1. 50±0. 14ab	1. 15±0. 11a	0. 81±0. 08bc	0. 50±0. 07bc
2013	2. 45±0. 09a	1. 71±0. 25a	1. 22±0. 08a	0. 99±0. 10a	0. 63±0. 11ab
2014	2. 19±0. 07b	1. 51±0. 09ab	1. 22±0. 17a	0. 97±0. 06ab	0. 74±0. 07a

注：同列不同字母表示相同土层不同年份间在 0. 05 水平上差异显著（LSD）。

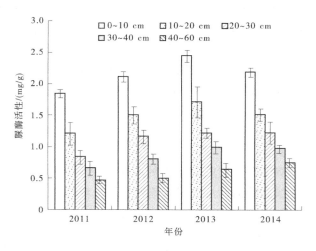

图 3-1　再生水灌溉不同土层脲酶活性的变化

3.3　不同年限再生水灌溉对土壤过氧化氢酶活性的影响

再生水灌溉常规施氮下,不同年限土壤过氧化氢酶活性如表 3-3 所示。从表 3-3 可看出,与 2011 年、2012 年、2013 年相比,2014 年 0~10 cm 土层土壤过氧化氢酶活性分别提高了 44.85%、65.02%、48.29%,10~20 cm 土层土壤过氧化氢酶活性分别提高了 35.16%、41.69%、39.46%,20~30 cm 土层土壤过氧化氢酶活性分别提高了 33.43%、44.39%、48.75%,30~40 cm 土层土壤过氧化氢酶活性分别提高了 44.48%、20.96%、13.16%,40~60 cm 土层土壤过氧化氢酶活性分别提高了 20.62%、28.41%、1.22%。同一土层不同年限再生水灌溉土壤过氧化氢酶活性差异均达到极显著水平($P<0.01$),土壤过氧化氢酶活性随着再生水灌溉年限的增加而逐渐增加,表明长期再生水灌溉提高了土壤的解毒作用和土壤的缓冲性能。

表 3-3　不同年限再生水灌溉的土壤过氧化氢酶活性　　单位:mg/g

年份	各土层土壤过氧化氢酶活性				
	0~10 cm	10~20 cm	20~30 cm	30~40 cm	40~60 cm
2011	1.50±0.07b	1.57±0.09b	1.63±0.08b	1.51±0.07c	1.71±0.08b
2012	1.32±0.02c	1.50±0.04b	1.51±0.05bc	1.80±0.18b	1.61±0.07b
2013	1.47±0.05b	1.53±0.13b	1.46±0.06c	1.93±0.11b	2.04±0.12a
2014	2.18±0.02a	2.13±0.11a	2.17±0.10a	2.18±0.03a	2.06±0.08a

再生水灌溉不同土层过氧化氢酶活性的变化详见图 3-2。2011 年 0~10 cm、10~20 cm、20~30 cm、30~40 cm、40~60 cm 土层土壤过氧化氢酶活性介于 1.50~1.71 mL/g,40~60 cm 土层土

壤过氧化氢酶活性显著高于 0～10 cm、10～20 cm、20～30 cm、30～40 cm 土层;2012 年 0～10 cm、10～20 cm、20～30 cm、30～40 cm、40～60 cm 土层土壤过氧化氢酶活性介于 1.32～1.80 mL/g,30～40 cm 土层土壤过氧化氢酶活性显著高于 0～10 cm、10～20 cm、20～30 cm、40～60 cm 土层;2013 年 0～10 cm、10～20 cm、20～30 cm、30～40 cm、40～60 cm 土层土壤过氧化氢酶活性介于 1.46～2.04 mL/g,30～40、40～60 cm 土层土壤过氧化氢酶活性显著高于 0～10 cm、10～20 cm、20～30 cm 土层;2014 年 0～10 cm、10～20 cm、20～30 cm、30～40 cm、40～60 cm 土层土壤过氧化氢酶活性介于 2.06～2.18 mL/g。可见,长期再生水灌溉可提高土壤过氧化氢酶活性,这是因为再生水灌溉增加了土壤中与过氧化氢酶相关的微生物数量,从而提高了其活性,使土壤中有害物质得到降解。

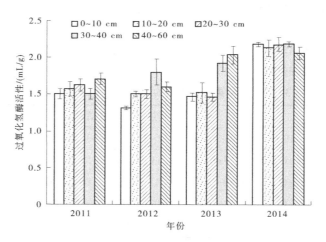

图 3-2　再生水灌溉不同土层过氧化氢酶活性的变化

3.4　不同灌水水质对土壤脲酶活性的影响

不同灌水处理番茄收获后不同年限的土壤脲酶活性如表 3-4 所示。由表 3-4 可知,再生水灌溉处理 2011 年 0～10 cm、10～20 cm、20～30 cm,2012 年 20～30 cm,2013 年 0～10 cm、10～20 cm、20～30 cm、30～40 cm 土层土壤脲酶活性略高于清水灌溉处理,介于 0.03～0.28 mg/g;2011 年 30～40 cm、40～60 cm,2012 年 0～10 cm、10～20 cm、30～40 cm、40～60 cm,2013 年 40～60 cm 土层土壤脲酶活性略低于清水灌溉处理,介于 0.03～0.46 mg/g;而 2014 年再生水灌溉处理 0～10 cm、10～20 cm、20～30 cm 和 40～60 cm 土层土壤脲酶活性均略低于清水灌溉,分别为 0.03 mg/g、0.50 mg/g、0.07 mg/g、0.11 mg/g。与初始年(2011 年)脲酶活性相比,各累积再生水灌溉年份(2012 年、2013 年和 2014 年)脲酶活性在 0～60 cm 的各土层中均显著提高($P<0.05$);清水灌溉各累积年份(2012 年、2013 年和 2014 年)土壤脲酶活性在 0～10 cm、10～20 cm、20～30 cm 土层显著高于初始值($P<0.05$),其他土层与初始值相比无显著差异。可见,再生水灌溉增加了养分吸收,促进了下层土壤氮素向根层土壤的迁移。

表 3-4　不同年限不同水质灌溉的土壤脲酶活性

土层深度/cm	处理	各年土壤脲酶活性/(mg/g)			
		2011 年	2012 年	2013 年	2014 年
0～10	Re	1.85±0.07a	2.12±0.08a	2.45±0.09a	2.19±0.07a
	CK	1.57±0.30a	2.17±0.15a	2.18±0.34a	2.22±0.19a
10～20	Re	1.21±0.17a	1.50±0.14b	1.71±0.25a	1.51±0.09b
	CK	1.10±0.11a	1.96±0.10a	1.41±0.26a	2.01±0.12a

注:同一土层内,同列不同小写字母表示相同年份不同处理间在 0.05 水平上差异显著(LSD)。

续表 3-4

土层深度/cm	处理	各年土壤脲酶活性/(mg/g)			
		2011 年	2012 年	2013 年	2014 年
20~30	Re	0.83±0.11a	1.15±0.11a	1.22±0.08a	1.22±0.17a
	CK	0.78±0.06a	1.01±0.20a	1.19±0.21a	1.29±0.17a
30~40	Re	0.66±0.11a	0.81±0.08a	0.99±0.10a	0.97±0.06a
	CK	0.87±0.16a	0.84±0.10a	0.95±0.12a	0.96±0.07a
40~60	Re	0.47±0.05b	0.50±0.07b	0.63±0.11a	0.74±0.07a
	CK	0.77±0.14a	0.85±0.01a	0.77±0.10a	0.85±0.08a

3.5　不同灌水水质对土壤过氧化氢酶活性的影响

不同灌水处理番茄收获后不同年限的土壤过氧化氢酶活性如表 3-5 所示。由表 3-5 可知,2011 年、2012 年、2013 年的 0~10 cm、10~20 cm、20~30 cm、30~40 cm 土层过氧化氢酶活性在再生水和清水灌溉处理间差异均显著($P<0.05$)(2011 年 0~10 cm 土层和 2013 年的 30~40 cm 土层例外);2011 年、2012 年、2013 年的 40~60 cm 和 2014 年的各土层土壤过氧化氢酶活性在再生水和清水灌溉处理间差异均不显著($P>0.05$)。2011 年 0~10 cm、10~20 cm、40~60 cm 土层再生水灌溉的过氧化氢酶活性高于清水灌溉,20~30 cm、30~40 cm 土层则相反;2012 年和 2013 年各土层再生水灌溉的过氧化氢酶活性普遍低于清水灌溉(2012 年 40~60 cm 土层除外);2014 年 0~40 cm 各土层过氧化氢酶活性则表现为再生水灌溉均高于清水灌溉,40~60 cm 土层则相反。根据与初始年(2011 年)过氧化氢酶活性的方差分析可知,累积再生水灌溉年份

（2014年）过氧化氢酶活性在0～60 cm的各土层中均显著提高（$P<0.05$），各累积清水灌溉年（2012年、2013年和2014年）土壤过氧化氢酶活性在0～10 cm、10～20 cm土层显著高于初始值（$P<0.05$），其他土层与初始值相比无明显差异。可见，长期再生水灌溉后过氧化氢酶活性高于清水灌溉，说明再生水灌溉提高了土壤解毒和对外界环境胁迫的应对能力。

表3-5　不同年限不同水质灌溉的土壤过氧化氢酶活性

土层深度/cm	处理	各年土壤过氧化氢酶活性/（mL/g）			
		2011年	2012年	2013年	2014年
0～10	Re	1.50±0.07a	1.32±0.02b	1.47±0.05b	2.18±0.02a
	CK	1.45±0.06a	1.89±0.17a	2.04±0.02a	2.13±0.07a
10～20	Re	1.57±0.09a	1.50±0.04b	1.53±0.13b	2.13±0.11a
	CK	1.40±0.03b	1.85±0.09a	1.99±0.11a	2.05±0.09a
20～30	Re	1.63±0.08b	1.51±0.05b	1.46±0.06b	2.17±0.10a
	CK	1.99±0.02a	2.03±0.13a	2.11±0.06a	2.08±0.12a
30～40	Re	1.51±0.07b	1.80±0.18b	1.93±0.11a	2.18±0.03a
	CK	1.92±0.14a	2.18±0.06a	2.07±0.11a	2.09±0.12a
40～60	Re	1.71±0.08a	1.61±0.07a	2.04±0.12a	2.06±0.08a
	CK	1.58±0.15a	1.60±0.03a	2.10±0.19a	2.09±0.10a

3.6　小　结

（1）通过对不同灌溉年限设施土壤的化验分析，初步得出再生水灌溉与适当氮肥措施可以提高设施土壤脲酶和过氧化氢酶活性。因为再生水及氮肥施用可以改善土壤微生物和土壤环境的氮养分，促进微生物的生长及繁殖，提高土壤微生物活性（苏洁琼等,2014),使其在土壤中分泌脲酶,同时土壤中增加的氮素营养提供了大量基质供土壤脲酶进行酶促反应,增强了其活性。另外,不同年限再生水灌溉土壤过氧化氢酶活性存在显著差异($P<0.01$),其活性随着再生水灌溉年限的增加而逐渐增加,说明该措施能够促进过氧化氢酶分解过氧化氢生成氧气和水,使土壤中有害物质得到降解,加强设施土壤的解毒作用。

(2)随着再生水灌溉年限的延长,土壤脲酶活性逐渐增强,说明土壤供氮能力和氮素代谢随着种植年限的延长而增强;2014年土壤脲酶活性在 0～10 cm、10～20 cm 和 30～40 cm 土层有所降低,可能因为长期再生水灌溉导致土壤 EC 累积,降低了土壤微生物种群数量,植物根系生长受到抑制(韩洋等,2020;莫俊杰等,2016)。再生水灌溉常规施肥下 0～20 cm 土层脲酶活性显著增加及不同灌水水质对脲酶的影响表明,再生水灌溉提高了耕层土壤脲酶活性,促进了土壤矿质养分的形成,进而导致下层土壤氮素向耕层土壤迁移,提高了土壤的供氮能力。

(3)2012 年、2013 年和 2014 年再生水灌溉 0～60 cm 各土层土壤脲酶活性均显著高于初始年(2011 年)($P<0.05$);清水灌溉土壤脲酶活性在 0～30 cm 各土层显著高于初始值($P<0.05$)。30 cm 以上土层,再生水灌溉土壤脲酶活性略高于清水灌溉;30 cm 以下土层,再生水灌溉土壤脲酶活性略低于清水灌溉。与清水灌溉相比,长期再生水灌溉提高了过氧化氢酶活性,表明再生水长期灌溉改善了土壤缓冲性能,提高了土壤解毒和对外界环境胁迫的应对能力。

第 4 章　再生水灌溉和施氮组合
对土壤酶活性和番茄品质的影响

本书以连续再生水灌溉 4 年后不同施氮处理设施土壤为研究对象,探讨不同处理对土壤脲酶、蔗糖酶、淀粉酶、过氧化氢酶活性、土壤矿质氮和 TN 的盈亏状况及番茄产量和品质指标的影响,探明长期再生水灌溉和施氮下土壤指示酶活性动态特征,为再生水农业利用和化肥的减量使用提供技术支撑。

4.1　试验设计

按照当地传统的生产实践,试验设计 2 种灌溉水质:再生水(W1)、清水(W2);4 种施氮水平:F1 常规施氮(90 kg/hm^2)、F2 氮肥减施 20%(72 kg/hm^2)、F3 氮肥减施 30%(63 kg/hm^2)、F4 氮肥减施 50%(45 kg/hm^2);CK(清水灌溉不施氮肥对照)和 Reck(再生水灌溉不施氮肥对照)共计 10 个处理,每个处理重复 3 次,共30 个小区。供试番茄为 GBS-福石 1 号,种植密度为 4.5万株/hm^2,田间小区规格 9.6 m×19.5 m,西红柿行距 1.2 m、株距0.5 m。灌水方式为地表滴灌,番茄全生育期共灌水 6 次,再生水总灌溉量为 3 736 m^3/hm^2。每个土壤样本小区内分别随机选择 3点,采集 0~60 cm 土层土壤、混合均匀,除去可见动植物残体,将土壤样品自然风干碾磨过 2 mm 筛备用。试验所用再生水取自河南省新乡市骆驼湾污水处理厂,污水主要来源为城市生活污水,处理工艺为 A/O 反硝化生物滤池和臭氧氧化组合工艺。再生水常规水质指标完全符合《农田灌溉水质标准》(GB 5084—2005)、《再生水水质标准》(SL 368—2006)和《城市污水再生利用农田灌溉用水水质》(GB 20922—2007)的规定,水质测定结果详见表 3-1。

土壤脲酶活性采用苯酚钠比色法测定,其活性以反应 24 h 后 1 g 土壤中释放 NH_3—N 的质量表示;土壤蔗糖酶活性采用 3,5-二硝基水杨酸比色法,其活性以 24 h 后 1 g 土壤葡萄糖的毫克数表示;土壤淀粉酶活性采用 3,5—二硝基水杨酸比色法,其活性以 24 h 后 1 g 土壤麦芽糖的毫克数表示。土壤过氧化氢酶活性以 20 min 后 1 g 风干土的 0.1 mol/L 高锰酸钾的毫升量表示。

4.2 不同施氮水平再生水灌溉对土壤脲酶活性的影响

番茄收获后,不同处理、不同土层的土壤脲酶活性详见表 4-1。由表 4-1 可知,Reck 处理 0～10 cm、10～20 cm、20～30 cm、30～40 cm、40～60 cm 土层土壤脲酶活性显著高于 CK 处理,分别较 CK 处理提高了 8.87%、11.39%、47.73%、43.60% 和 39.62%。相同施肥水平不同灌溉水质对比分析,再生水灌溉 F1、F2、F3、F4 施肥水平土壤脲酶活性均略低于清水灌溉处理。同一灌水水质不同施氮水平对比分析:再生水灌溉不同施氮处理 0～20 cm 土层中,W1F2 处理的土壤脲酶活性最大,0～10 cm、10～20 cm 土层中 W1F2 处理的脲酶活性分别是 W1F1、W1F3、W1F4 处理的 1.28 倍、1.39 倍、1.28 倍、1.77 倍、1.48 倍和 1.37 倍,20～60 cm 土层中,各处理土壤脲酶活性依次为 W1F3 > W1F4 > W1F2 > W1F1;清水灌溉不同施氮处理 0～20 cm 土层中,W2F3 处理的土壤脲酶活性最大,0～10 cm、10～20 cm 土层中 W2F3 处理的土壤脲酶活性分别是 W2F1、W2F2、W2F4 处理的 1.07 倍、1.00 倍、1.17 倍、1.31 倍、1.23 倍、1.06 倍,20～60 cm 土层中,W2F4 处理的土壤脲酶活性最大。与 Reck 处理相比,W1F1、W1F2、W1F3 和 W1F4 各

处理 0~10 cm、10~20 cm、20~30 cm、30~40 cm、40~60 cm 土层土
壤脲酶活性均显著降低,W1F2 处理 0~20 cm 土层除外;与 CK 处
理相比,W2F1、W2F2 处理不同土层土壤脲酶活性差异并不明显,
W2F3、W2F4 处理不同土层土壤脲酶活性显著高于 CK 处理。

表 4-1　不同施氮水平再生水灌溉处理土壤脲酶活性

土层深度/cm		0~10	10~20	20~30	30~40	40~60
土壤脲酶活性/（mg/g）	W1F1	1.08± 0.16BC	0.90± 0.05G	0.73± 0.05E	066± 0.00G	0.50± 0.02G
	W1F2	2.15± 0.03A	1.59± 0.08AB	0.86± 0.08DE	0.78± 0.03DEF	0.57± 0.04FG
	W1F3	1.55± 0.05BC	1.08± 0.06F	1.01± 0.08BC	0.89± 0.05BCD	0.82± 0.02BC
	W1F4	1.69± 0.11BC	1.16± 0.02EF	0.93± 0.03CD	0.81± 0.04CDE	0.76± 0.04CD
	W2F1	1.64± 0.13BC	1.03± 0.05FG	0.75± 0.05E	0.67± 0.05FG	0.58± 0.02F
	W2F2	1.75± 0.06B	1.10± 0.09F	0.93± 0.04CD	0.91± 0.07ABC	0.69± 0.05DE
	W2F3	1.76± 0.13B	1.35± 0.08CD	1.13± 0.04AB	0.93± 0.05ABC	0.88± 0.04AB
	W2F4	1.50± 0.06C	1.28± 0.07DE	1.17± 0.09A	1.01± 0.04A	0.87± 0.04AB
	CK	1.63± 0.11BC	1.46± 0.10BC	0.82± 0.02DE	0.70± 0.02EFG	0.68± 0.03E
	Reck	1.77± 0.12B	1.63± 0.06A	1.22± 0.06A	1.00± 0.09AB	0.95± 0.03A

注:同列不同大写字母表示同一土层不同处理间在 0.01 水平上差异极显著(LSD),
下同。

4.3 不同施氮水平再生水灌溉
对土壤蔗糖酶活性的影响

番茄收获后,不同处理、不同土层的土壤蔗糖酶活性详见表 4-2。由表 4-2 可知,Reck 处理 0~10 cm、10~20 cm、40~60 cm 土层土壤蔗糖酶活性显著低于 CK 处理,分别较 CK 处理降低了 40.77%、35.44% 和 61.01%。相同施肥水平不同灌溉水质对比分析,再生水灌溉 F1、F2、F3 施肥水平土壤蔗糖酶活性均低于清水灌溉处理,而再生水灌溉 F4 施肥处理 10~20 cm、20~30 cm、30~40 cm、40~60 cm 土层土壤蔗糖酶活性高于清水灌溉处理,分别是清水灌溉 F4 施肥处理的 1.37 倍、1.86 倍、2.12 倍和 1.94 倍。同一灌水水质不同施氮水平对比分析,再生水灌溉不同施氮处理 0~10 cm 土层中,W1F2 处理的土壤蔗糖酶活性最大,分别是 W1F1、W1F3、W1F4 处理的 2.82 倍、3.07 倍和 1.67 倍,10~20 cm、20~30 cm、30~40 cm、40~60 cm 土层土壤蔗糖酶活性基本表现为 W1F4 > W1F3 > W1F2 > W1F1;清水灌溉高氮水平有利于提高土壤蔗糖酶活性,W2F1 处理 0~10 cm 土层土壤蔗糖酶活性最高,分别是 W2F2、W2F3、W2F4 处理的 1.53 倍、2.65 倍和 1.05 倍,W2F2 处理 10~20 cm、20~30 cm 土层土壤蔗糖酶活性增幅最大,为 1.58%~69.68%。与 Reck 处理相比,W1F2、W1F3 和 W1F4 各处理不同土层土壤蔗糖酶活性均显著增加,W1F1 处理各土层略有降低;与 CK 处理相比,W2F1、W2F2、W2F3 和 W2F4 各处理 0~10 cm、10~20 cm、20~30 cm、30~40 cm、40~60 cm 土层土壤蔗糖酶活性均显著提高。

表 4-2　不同施氮水平再生水灌溉处理土壤蔗糖酶活性

土层深度/cm		0～10	10～20	20～30	30～40	40～60
土壤蔗糖酶活性/（mg/g）	W1F1	2.60±0.17E	1.59±0.08G	0.82±0.03F	0.95±0.06FG	1.74±0.08D
	W1F2	7.32±0.51A	1.62±0.15G	1.99±0.08C	1.57±0.06DE	1.25±0.03E
	W1F3	2.39±0.11E	3.42±0.33B	2.42±0.04B	1.91±0.04D	2.77±0.07AB
	W1F4	4.38±0.03C	3.89±0.31A	1.84±0.07CD	2.74±0.20B	3.07±0.29A
	W2F1	7.04±0.28A	2.20±0.14EF	1.54±0.09E	2.81±0.25B	2.52±0.20BC
	W2F2	4.61±0.11C	4.24±0.17A	2.71±0.12A	2.36±0.00C	2.43±0.18C
	W2F3	2.66±0.05E	2.50±0.05DE	2.67±0.15A	3.55±0.34A	2.26±0.19C
	W2F4	6.72±0.27A	2.83±0.09CD	0.99±0.06F	1.29±0.04EF	1.58±0.04DE
	CK	5.82±0.39B	2.99±0.05C	1.62±0.08E	0.92±0.09G	1.72±0.04D
	Reck	3.45±0.28D	1.93±0.06FG	1.71±0.13DE	1.75±0.11D	0.67±0.05F

注:同列不同大写字母表示同一土层不同处理间在 0.01 水平上差异极显著（LSD），下同。

4.4　不同施氮水平再生水灌溉对土壤淀粉酶活性的影响

番茄收获后,不同处理、不同土层的土壤淀粉酶活性详见表 4-3。由表 4-3 可知,Reck 处理 0~10 cm、10~20 cm、20~30 cm、40~60 cm 土层土壤淀粉酶活性显著高于 CK 处理,分别较 CK 处理提高了 3.88%、29.82%、49.86%和 1.34%。相同施肥水平不同灌溉水质对比分析,再生水灌溉 F1、F2、F3 施肥水平土壤淀粉酶活性均显著低于清水灌溉处理,而再生水灌溉 F4 施肥水平的土壤淀粉酶活性在 0~10 cm、10~20 cm、20~30 cm、30~40 cm、40~60 cm 土层中高于清水灌溉。同一灌水水质不同施氮水平对比分析,再生水灌溉不同施氮处理 0~60 cm 各土层中,W1F4 处理的土壤淀粉酶活性最大,在 0~10 cm、10~20 cm、20~30 cm、30~40 cm、40~60 cm 土层中,W1F4 处理的土壤淀粉酶活性分别是 W1F1、W1F2、W1F3 处理的 4.33 倍、3.60 倍、4.03 倍,6.26 倍、5.97 倍、5.67 倍、3.36 倍、2.37 倍、3.78 倍,3.19 倍、2.16 倍、3.28 倍和 3.69 倍、2.42 倍、9.06 倍;清水灌溉不同施氮处理 0~10 cm、20~60 cm 各土层中,W2F1 处理的土壤淀粉酶活性最高,在 0~10 cm、20~30 cm、30~40 cm、40~60 cm 土层中,W2F1 处理的土壤淀粉酶活性分别是 W2F2、W2F3、W2F4 处理的 1.53 倍、1.65 倍、2.41 倍,1.01 倍、1.46 倍、1.30 倍、1.46 倍、1.19 倍、1.22 倍和 1.52 倍、1.26 倍、1.33 倍。与 Reck 处理相比,W1F1、W1F2 和 W1F3 各处理不同土层土壤淀粉酶活性均显著降低,W1F4 处理各土层差异不明显;与 CK 处理相比,W2F2、W2F3 和 W2F4 各处理不同土层土壤淀粉酶活性均明显下降,W2F1 处理各土层除外。

表 4-3　不同施氮水平再生水灌溉处理土壤淀粉酶活性

土层深度/cm		0~10	10~20	20~30	30~40	40~60
土壤淀粉酶活性/（mg/g）	W1F1	0.16±0.01E	0.15±0.00E	0.26±0.01F	0.25±0.01E	0.21±0.01G
	W1F2	0.19±0.01E	0.16±0.01E	0.37±0.01E	0.37±0.01D	0.32±0.02F
	W1F3	0.17±0.00E	0.16±0.01E	0.23±0.01F	0.24±0.00E	0.09±0.01H
	W1F4	0.68±0.02BC	0.93±0.03A	0.89±0.03B	0.79±0.05B	0.78±0.02AB
	W2F1	1.06±0.10A	0.87±0.01B	0.89±0.01B	0.92±0.02A	0.85±0.06A
	W2F2	0.69±0.07BC	0.67±0.02D	0.88±0.06B	0.63±0.05C	0.56±0.01E
	W2F3	0.64±0.01C	0.96±0.03A	0.61±0.01D	0.77±0.04B	0.67±0.03CD
	W2F4	0.44±0.02D	0.74±0.05C	0.68±0.01CD	0.75±0.05B	0.64±0.03D
	CK	0.72±0.02BC	0.64±0.02D	0.72±0.06C	0.73±0.05B	0.72±0.04BC
	Reck	0.75±0.06B	0.84±0.01B	1.07±0.06A	0.72±0.06BC	0.73±0.01BC

4.5 不同施氮水平再生水灌溉对土壤过氧化氢酶活性的影响

番茄收获后,不同处理、不同土层的土壤过氧化氢酶活性详见表 4-4。由表 4-4 可知,Reck 处理 0~10 cm、10~20 cm、20~30 cm、30~40 cm、40~60 cm 土层土壤过氧化氢酶活性显著低于 CK 处理,分别较 CK 处理降低了 11.70%、7.51%、11.92%、8.73% 和 13.74%。相同施肥水平不同灌溉水质对比分析,再生水灌溉 F1、F2 施肥水平 0~10 cm、10~20 cm、20~30 cm、40~60 cm 土层土壤过氧化氢酶活性均高于清水灌溉 F1、F2 施肥处理,而再生水灌溉 F3、F4 施肥水平土壤过氧化氢酶活性在 0~60 cm 各土层中均低于清水灌溉 F3、F4 施肥处理。同一灌水水质不同施氮水平对比分析,再生水灌溉不同施氮处理 0~30 cm 土层中,各处理土壤过氧化氢酶活性基本表现为 W1F1 > W1F2 > W1F3 > W1F4,30~40 cm 土层表现为 W1F1 > W1F4 > W1F2 > W1F3;清水灌溉不同施氮处理 0~10 cm、20~30 cm 各土层中,W2F3 处理的土壤过氧化氢酶活性最大,在 0~10 cm、10~20 cm、20~30 cm 土层中分别是 W2F1、W2F2、W2F4 处理的 1.05 倍、1.02 倍、1.03 倍,1.03 倍、1.02 倍、1.00 倍,1.10 倍、1.05 倍和 1.01 倍,而 30~60 cm 各土层中,W2F4 处理的土壤过氧化氢酶活性高于其他处理,在 30~40 cm、40~60 cm 土层中分别是 W2F1、W2F2、W2F3 处理的 1.04 倍、1.02 倍、1.02 倍,1.13 倍、1.06 倍和 1.02 倍。与 Reck 处理相比,W1F1、W1F2、W1F3 和 W1F4 各处理 0~10 cm、10~20 cm、20~30 cm、30~40 cm、40~60 cm 土层土壤过氧化氢酶活性均显著增加;与 CK 处理相比,W2F1、W2F2、W2F3 和 W2F4 处理的土壤过氧化氢酶活性均明显降低。

表 4-4　不同施氮水平再生水灌溉处理土壤过氧化氢酶活性

土层深度/cm		0~10	10~20	20~30	30~40	40~60
土壤过氧化氢酶活性/（mL/g）	W1F1	2.19± 0.08A	2.14± 0.04AB	2.20± 0.04A	2.18± 0.07A	2.09± 0.09A
	W1F2	2.14± 0.08AB	2.19± 0.04A	2.11± 0.08AB	1.98± 0.35AB	2.13± 0.08A
	W1F3	2.05± 0.08BCD	2.00± 0.09CDE	1.85± 0.11D	1.74± 0.10C	1.86± 0.10CD
	W1F4	1.95± 0.07D	1.96± 0.08DE	2.00± 0.06BC	2.05± 0.08AB	1.93± 0.11BC
	W2F1	2.01± 0.05CD	2.01± 0.09CDE	1.91± 0.13CD	2.01± 0.12AB	1.87± 0.12CD
	W2F2	2.05± 0.07BCD	2.03± 0.05BCDE	2.00± 0.06BC	2.05± 0.04AB	2.00± 0.09ABC
	W2F3	2.10± 0.05ABC	2.06± 0.05BCD	2.10± 0.06AB	2.06± 0.08AB	2.06± 0.10AB
	W2F4	2.05± 0.04BCD	2.07± 0.10BCD	2.07± 0.08AB	2.10± 0.05AB	2.11± 0.04A
	CK	2.07± 0.02BC	2.09± 0.03ABC	2.11± 0.07AB	2.14± 0.03AB	2.07± 0.06AB
	Reck	1.83± 0.12E	1.93± 0.11E	1.86± 0.11D	1.95± 0.07B	1.79± 0.10D

4.6　不同施氮水平再生水灌溉土壤矿质氮的盈亏状况

番茄种植前本底和收获后,不同处理、不同土层土壤矿质氮含量详见表4-5和表4-6。本底土样 Reck 处理 0~10 cm、10~20 cm、20~30 cm、30~40 cm、40~60 cm 土层土壤矿质氮含量均高于 CK 处理,分别较 CK 处理提高了 14.40%、66.38%、61.87%、5.54%和17.39%。番茄收获后相同施肥水平不同灌溉水质对比分析,再生水灌溉 F1、F2、F3 施肥处理 0~10 cm、10~20 cm、20~30 cm、30~40 cm、40~60 cm 土层土壤矿质氮含量均高于清水灌溉处理。同一灌水水质不同施氮水平对比分析,再生水灌溉不同施氮处理 0~10 cm 土层中,W1F3 处理土壤矿质氮含量最大,再生水灌溉不同施氮处理 20~60 cm 土层中 W1F1 处理土壤矿质氮含量显著高于其他处理;清水灌溉不同施氮处理 0~10 cm 土层中,W2F4 处理的土壤矿质氮含量最大,10~40 cm 各土层中,W2F2 处理的土壤矿质氮含量比其他处理显著提高。W1F1、W1F2、W1F3、W1F4、W2F1、W2F2、W2F3、W2F4、CK 和 Reck 处理 0~10 cm 土层矿质氮变化量(收获后对应土层矿质氮含量−种植前土层矿质氮含量)分别为−75.76 mg/kg、−60.00 mg/kg、−48.34 mg/kg、−27.00 mg/kg、−31.18 mg/kg、−97.09 mg/kg、−63.21 mg/kg、−90.64 mg/kg、−37.13 mg/kg、−70.39 mg/kg,10~20 cm 土层矿质氮变化量分别为−5.47 mg/kg、−44.62 mg/kg、−34.83 mg/kg、−14.31 mg/kg、−14.19 mg/kg、−49.66 mg/kg、−67.05 mg/kg、−60.50 mg/kg、−20.78 mg/kg、−44.36 mg/kg,20~30 cm 土层矿质氮变化量分别为−18.59 mg/kg、−32.75 mg/kg、−6.42 mg/kg、−7.69 mg/kg、−16.47 mg/kg、−39.56 mg/kg、−23.66 mg/kg、−38.71 mg/kg、−2.65 mg/kg、−21.94 mg/kg,30~40 cm 土层矿质氮变化量分别为0.27 mg/kg、−21.27 mg/kg、−13.71 mg/kg、−16.57 mg/kg、−14.46

mg/kg、−36.71 mg/kg、−22.63 mg/kg、−38.02 mg/kg、−9.56
mg/kg、−18.91 mg/kg,40~60 cm 土层矿质氮变化量分别为 11.90
mg/kg、−14.91 mg/kg、−14.52 mg/kg、−5.46 mg/kg、−25.70
mg/kg、−31.03 mg/kg、−28.54 mg/kg、−31.99 mg/kg、0.73
mg/kg、−12.76 mg/kg。

表 4-5　不同施氮水平再生水灌溉处理本底土样矿质氮含量

土层深度/cm		0~10	10~20	20~30	30~40	40~60
本底土样矿质氮含量/（mg/kg）	W1F1	103.57± 9.67BC	34.12± 0.25D	48.57± 1.95B	47.27± 3.45B	37.61± 1.03C
	W1F2	108.08± 3.41BC	74.34± 6.43A	55.52± 4.00A	47.60± 0.73B	46.52± 4.58B
	W1F3	100.52± 7.80BC	57.46± 4.57C	32.28± 1.92CD	45.78± 3.76B	44.31± 2.16B
	W1F4	60.51± 0.65E	36.63± 1.00D	24.00± 0.12EF	33.88± 2.41C	24.90± 1.29D
	W2F1	35.68± 0.80F	31.79± 2.75D	28.52± 1.21DE	26.23± 1.78D	42.94± 3.16BC
	W2F2	110.91± 6.33B	76.15± 5.76A	57.34± 3.61A	55.73± 2.96A	55.61± 3.15A
	W2F3	94.45± 7.00CD	75.24± 5.58A	35.29± 2.92C	33.84± 3.15C	54.32± 2.39A
	W2F4	145.02± 6.01A	72.18± 3.86AB	48.56± 2.77B	50.13± 1.19AB	49.21± 4.42AB
	CK	86.03± 1.79D	38.53± 2.85D	21.34± 1.00F	29.34± 1.49CD	25.87± 1.76D
	Reck	98.41± 8.84BCD	64.11± 5.58BC	34.54± 0.56C	30.97± 2.26CD	30.37± 1.95D

表 4-6　不同施氮水平再生水灌溉处理收获后土样矿质氮含量

土层深度/cm		0~10	10~20	20~30	30~40	40~60
收获后土样矿质氮含量/（mg/kg）	W1F1	27.81±2.14B	28.65±1.62A	29.98±2.84A	47.55±2.46A	49.51±4.45A
	W1F2	48.08±3.79A	29.72±2.79A	22.77±1.68B	26.34±1.50C	31.61±1.41B
	W1F3	52.18±5.19A	22.64±1.41B	25.86±1.83B	32.07±2.15B	29.79±2.75BC
	W1F4	33.51±2.84B	22.32±1.54B	16.32±0.64C	17.31±1.58D	19.44±1.28E
	W2F1	4.51±0.35D	17.60±0.86C	12.04±0.60D	11.77±1.04E	17.23±1.20E
	W2F2	13.82±1.03C	26.49±2.47A	17.78±1.59C	19.02±0.79D	24.59±1.56D
	W2F3	31.24±1.39B	8.19±0.47D	11.63±0.63D	11.21±0.92E	25.79±1.16CD
	W2F4	54.37±3.91A	11.68±1.11D	9.85±0.75D	12.11±0.62E	17.23±1.02E
	CK	48.90±4.80A	17.75±0.98C	18.68±1.83C	19.78±0.65D	26.61±2.07CD
	Reck	28.03±2.64B	19.75±0.73BC	12.59±1.19D	12.05±1.05E	17.62±0.91E

4.7 不同施氮水平再生水灌溉
土壤全氮的盈亏状况

番茄种植前本底和收获后,不同处理、不同土层的土壤 TN 含量详见表 4-7 和表 4-8。本底土样 Reck 处理 0~10 cm、10~20 cm 土层土壤 TN 含量显著高于 CK 处理,分别较 CK 处理提高了 44.05% 和 27.79%。番茄收获后相同施肥水平不同灌溉水质对比分析,再生水灌溉 F1、F2、F3、F4 施肥处理 0~60 cm 各土层土壤 TN 含量低于清水灌溉处理。同一灌水水质不同施氮水平对比分析,再生水灌溉不同施氮处理 0~10 cm、10~20 cm 土层中,W1F2 处理土壤 TN 含量最大,20~30 cm、30~40 cm、40~60 cm 土层中低氮处理土壤 TN 含量较高;清水灌溉不同施氮处理 0~10 cm、10~20 cm 土层中,W2F4 处理的土壤 TN 含量最大,20~60 cm 各土层中 W2F3 处理的土壤 TN 含量显著高于其他处理。W1F1、W1F2、W1F3、W1F4、W2F1、W2F2、W2F3、W2F4、CK 和 Reck 处理 0~10 cm 土层 TN 变化量(收获后对应土层 TN 含量-种植前土层 TN 含量)分别为 0.24 g/kg、0.20 g/kg、0.18 g/kg、0.20 g/kg、0.28 g/kg、0.14 g/kg、0.01 g/kg、0.98 g/kg、0.53 g/kg、-0.37 g/kg,10~20 cm 土层 TN 变化量分别为 0.09 g/kg、0.12 g/kg、0.09 g/kg、0.17 g/kg、0.37 g/kg、0.13 g/kg、-0.10 g/kg、0.56 g/kg、0.17 g/kg、-0.34 g/kg,20~30 cm 土层 TN 变化量分别为 0.08 g/kg、0.17 g/kg、0.09 g/kg、0.04 g/kg、0.12 g/kg、0.10 g/kg、0.08 g/kg、0.06 g/kg、-0.11 g/kg、0.23 g/kg,30~40 cm 土层 TN 变化量分别为 0.23 g/kg、0.23 g/kg、0.11 g/kg、0.21 g/kg、0.17 g/kg、0.09 g/kg、0.16 g/kg、-0.48 g/kg、-0.04 g/kg、0.05 g/kg,40~60 cm 土层 TN 变化量分别为 0.23 g/kg、0.18 g/kg、0.25 g/kg、0.14 g/kg、0.20 g/kg、-0.04 g/kg、0.09 g/kg、-0.54 g/kg、0.10 g/kg、0.08 g/kg。

表 4-7 不同施氮水平再生水灌溉本底土样处理前全氮含量

土层深度/cm		0~10	10~20	20~30	30~40	40~60
本底土样 TN 含量/(g/kg)	W1F1	0.98±0.07DE	0.73±0.07B	0.40±0.02EF	0.23±0.02F	0.24±0.02E
	W1F2	1.14±0.04BCD	0.84±0.05B	0.34±0.03F	0.25±0.02F	0.29±0.01DE
	W1F3	1.12±0.08CD	0.75±0.07B	0.47±0.03CDE	0.36±0.03DE	0.26±0.01DE
	W1F4	1.07±0.10CDE	0.76±0.07B	0.50±0.02BC	0.31±0.01E	0.34±0.02D
	W2F1	0.90±0.07E	0.58±0.02C	0.40±0.02EF	0.33±0.02E	0.29±0.01DE
	W2F2	1.19±0.08BC	0.78±0.04B	0.42±0.04DE	0.39±0.02D	0.52±0.04B
	W2F3	1.31±0.11AB	1.08±0.05A	0.54±0.02AB	0.46±0.02C	0.56±0.02B
	W2F4	0.43±0.01F	0.46±0.03C	0.49±0.04BCD	0.99±0.03A	1.03±0.10A
	CK	1.00±0.09DE	0.81±0.05B	0.61±0.05A	0.54±0.03B	0.43±0.02C
	Reck	1.43±0.08A	1.04±0.09A	0.44±0.04CDE	0.45±0.03C	0.43±0.01C

表 4-8 不同施氮水平再生水灌溉处理收获后土壤全氮含量

土层深度/cm		0~10	10~20	20~30	30~40	40~60
收获后土样全氮含量/（g/kg）	W1F1	1.23±0.10C	0.82±0.02BC	0.48±0.03D	0.45±0.01B	0.46±0.02B
	W1F2	1.34±0.06BC	0.96±0.08AB	0.51±0.03CD	0.48±0.02B	0.47±0.01B
	W1F3	1.29±0.06BC	0.84±0.05B	0.56±0.04BC	0.47±0.02B	0.51±0.03B
	W1F4	1.27±0.01BC	0.93±0.04AB	0.54±0.02BCD	0.52±0.01B	0.48±0.02B
	W2F1	1.19±0.05CD	0.95±0.06AB	0.52±0.04CD	0.51±0.04B	0.49±0.03B
	W2F2	1.33±0.05BC	0.91±0.08AB	0.53±0.03CD	0.48±0.02B	0.48±0.02B
	W2F3	1.32±0.06BC	0.98±0.01A	0.62±0.05AB	0.62±0.06A	0.65±0.05A
	W2F4	1.41±0.12AB	1.02±0.07A	0.54±0.03BCD	0.51±0.02B	0.49±0.04B
	CK	1.52±0.08A	0.99±0.06A	0.50±0.02CD	0.50±0.05B	0.53±0.02B
	Reck	1.06±0.03D	0.70±0.07C	0.67±0.02A	0.51±0.01B	0.50±0.04B

4.8　不同施氮水平再生水灌溉
对番茄产量及品质的影响

　　不同施氮水平再生水灌溉处理番茄产量及品质指标详见表 4-9。由表 4-9 可知，与 W2F1 处理相比，W1F1、W1F2、W1F3、W1F4 处理番茄产量分别提高了 7. 28%、18. 95%、6. 57% 和 1. 94%，W1F2、W1F3 处理番茄产量较 W2F1 处理显著增加；各处理番茄 Vc 含量表现为 W1F2 > W1F1 > W1F3 > W1F4 > W2F1，与 W2F1 处理相比，W1F1、W1F2、W1F3、W1F4 处理番茄 Vc 含量分别提高了 11. 35%、26. 04%、8. 18%和 5. 11%；W1F1 处理番茄果实中有机酸含量最高，比 W1F2、W1F3、W1F4、W2F1 处理分别提高了为 6. 72%、10. 94%、16. 62% 和 11. 55%；W1F2 处理番茄果实中可溶性糖含量最高，其次为 W1F3、W1F1、W1F4 和 W2F1 处理，各处理番茄果实中可溶性糖含量较 W2F1 处理分别提高了 3. 35%、14. 94%、14. 06%和 2. 85%；W1F1 处理番茄果实中糖酸比与 W2F1 处理相比降低了 7. 71%，W1F2、W1F3、W1F4 处理番茄果实中糖酸比显著高于 W2F1 处理，与 W2F1 处理相比分别提高了 10. 32%、13. 89%和 8. 05%。W1F1、W1F2、W1F3、W1F4、W2F1 处理番茄果实中 Vc 含量差异不显著；再生水灌溉 F2、F3、F4 处理番茄果实中有机酸含量、可溶性蛋白含量及可溶性糖含量与 W2F1 处理差异并不明显，但再生水灌溉 F1 处理番茄果实中有机酸含量显著高于清水灌溉 F1 处理，糖酸比却显著低于清水灌溉 F1 处理，说明再生水灌溉常规施氮处理显著降低了番茄果实的风味品质。

表 4-9　不同施氮水平再生水灌溉处理番茄产量及品质指标

处理	产量/ (t/hm²)	Vc 含量/ (mg/100 g)	有机酸 含量/%	可溶性蛋白 含量/ (mg/100 g)	可溶性糖 含量/%	糖酸比
W1F1	134. 38 b	15. 14 a	0. 43 a	6. 84 a	3. 42 a	6. 50 c
W1F2	148. 99 a	17. 13 a	0. 40 b	6. 52 a	3. 81 a	7. 73 a
W1F3	133. 48 bc	14. 71 a	0. 39 b	5. 99 ab	3. 78 a	7. 98 a
W1F4	127. 69 cd	14. 29 a	0. 37 bc	5. 60 ab	3. 41 a	7. 57 a
W2F1	125. 26 d	13. 59 a	0. 39 b	6. 26 ab	3. 31 a	7. 00 b

注:同列数据后不同字母表示处理间在 0.05 水平上差异显著性(LSD)。

4.9　小　结

　　(1)再生水灌溉不施氮肥处理(Reck)较清水灌溉不施氮肥处理(CK)显著提高了 0～10 cm、10～20 cm、20～30 cm、30～40 cm、40～60 cm 土层土壤脲酶活性、淀粉酶活性、本底土壤矿质氮含量和 0～20 cm 土层本底土壤 TN 含量,降低了土壤蔗糖酶及过氧化氢酶活性,表明再生水灌溉促进了土壤矿质氮的形成,提高了土壤的供氮能力和土壤的自净能力,增加了土壤肥力,且耕层土壤矿质氮的消耗刺激了氮素从下层土壤向上层土壤的迁移。
　　(2)不同施氮水平下,各土层再生水灌溉 F1、F2、F3、F4 施肥水平土壤脲酶活性,再生水灌溉 F1、F2、F3 施肥水平土壤蔗糖酶活性和淀粉酶活性,再生水灌溉 F3、F4 施肥水平土壤过氧化氢酶活性和番茄收获后再生水灌溉 F1、F2、F3、F4 施肥水平土壤 TN 含量均低于清水灌溉处理,而番茄收获后再生水灌溉 F1、F2、F3、F4 施肥处理不同土层土壤矿质氮含量则高于清水灌溉处理,说明适量减氮并辅以再生水灌溉处理能够保持土壤矿质氮的稳定供应,提高土壤氮素利用效率和土壤生物有效性,减少再生水的排放和氮肥用量。

（3）同一灌水水质对比分析,再生水灌溉不同施氮处理（W1F1、W1F2、W1F3、W1F4）与再生水灌溉不施氮肥处理（Reck）相比,不同土层土壤蔗糖酶活性和过氧化氢酶活性显著提高,而 0~60 cm 各土层土壤脲酶活性和淀粉酶活性则明显下降;清水灌溉不同施氮处理（W2F1、W2F2、W2F3、W2F4）与清水灌溉不施氮肥处理（CK）相比,增加了 0~60 cm 各土层土壤脲酶活性和蔗糖酶活性,减小了 0~60 cm 各土层土壤淀粉酶和过氧化氢酶活性。

（4）0~10 cm、10~20 cm、20~30 cm、30~40 cm、40~60 cm 土层再生水灌溉不施氮肥处理（Reck）土壤矿质氮变化量高于清水灌溉不施氮肥处理（CK）,而同一施肥水平下 0~60 cm 各土层再生水灌溉 F1、F2、F3、F4 施肥处理土壤矿质氮变化量低于清水灌溉;不同施氮水平再生水灌溉处理对应土层 TN 变化量差异不明显,但同一灌水水质 0~10 cm、10~20 cm、20~30 cm、30~40 cm、40~60 cm 土层基本表现为高氮处理土壤 TN 变化量大于低氮处理;不同施氮水平再生水灌溉对土壤脲酶、蔗糖酶、淀粉酶、过氧化氢酶活性、土壤矿质氮含量和土壤 TN 含量影响存在极显著差异。

（5）与清水灌溉常规施氮处理（W2F1）相比,再生水灌溉 F2、F3 处理番茄产量显著增加,W1F2 处理番茄果实中 Vc 含量最高,W1F1 处理番茄果实中有机酸含量最高,W1F2 处理番茄果实中可溶性糖含量最高,W1F1 处理番茄果实糖酸比显著降低,说明再生水灌溉适量减氮处理能够显著增加番茄产量并提高番茄果实的营养和风味品质。

第 5 章　再生水灌溉和施氮组合下土壤释氮节律模拟研究

　　土壤供氮能力是影响土壤氮素利用效率的一个重要指标,再生水灌溉和施氮水平均影响着土壤供氮能力,研究不同施氮水平对长期再生水灌溉土壤氮素的转化特征可为合理施肥及农产品增产增效提供理论依据。本章试验以长期再生水灌溉土壤为研究对象,利用室内培养方法,研究不同施氮水平下土壤氮素矿化量、矿化速率、吸附参数和氮素矿化势,分析了土壤氮素矿化规律及氮肥释放节律,以期为再生水灌溉设施菜地土壤氮肥的科学施用提供理论依据。

5.1　试验设计、观测内容与方法

　　供试土壤采自中国农业科学院河南省新乡市农业水土环境野外科学观测试验站日光温室,土壤质地为粉沙黏壤。试验土壤样本分别为再生水灌溉常规追肥($90~kg/hm^2$)、再生水灌溉不追肥、清水灌溉常规追肥($90~kg/hm^2$)和清水灌溉不追肥番茄收获后土壤。耕层土壤每个土壤样本小区内分别随机选择 3 点,采集 $0 \sim 20$ cm 耕层土壤、混合均匀,除去可见动植物残体,部分鲜土用于土壤 NO_3^-—N 和 NH_4^+—N 含量测定,其余土壤样品自然风干碾磨过 2 mm 筛备用。本试验采用室内常温培养的方法,以硫酸铵为外源氮肥,试验共设 8 个处理,每个处理重复 3 次:

再生水灌溉常规追肥土壤 + 常规施氮（200 mg/kg）[（A（N200)）]；

再生水灌溉常规追肥土壤 + 减氮 20%（160 mg/kg）[A（N160)）]；

再生水灌溉常规追肥土壤 + 减氮 30%（140 mg/kg）[A（N140)）]；

再生水灌溉常规追肥土壤 + 减氮 50%（100 mg/kg）[A（N100)）]；

再生水灌溉常规追肥土壤[A（N0)）]；

清水灌溉常规追肥（E）；

清水灌溉不追肥（CK）；

再生水灌溉不追肥（Reck）。

分别称取 100 g 过 2 mm 筛的风干土样置于 24 个 250 mL 的三角瓶内,采用蒸馏水配置不同浓度（NH_4)$_2SO_4$ 溶液,倒入三角瓶内,保持土壤含水率为田间持水量（重量含水率为 24%）,将三角瓶用封口膜密封,以尽量避免水分及氮素反硝化损失。在培养的第 0 天、7 天、14 天、21 天、28 天、35 天、42 天从每个培养瓶中分别取样测定 NH_4^+—N 和 NO_3^-—N 含量。

5.2　不同施氮处理对土壤氮素矿化量的影响

不同施氮处理土壤氮素累积矿化量随培养时间的变化详见图 5-1。由图 5-1 可知,不同施氮处理土壤氮素矿化过程的变化趋势基本一致,培养前期（<7 d）土壤氮素矿化速率较快,后期土壤氮素矿化速率趋于平稳;各处理在培养的第 28 天后基本达到平衡状态,A（N200)、A（N160)、A（N140)、A（N100)、A（N0)、E、CK、

Reck 处理平衡时的累积矿化氮量分别为 81. 68 mg/kg、93. 06
mg/kg、56. 68 mg/kg、69. 19 mg/kg、55. 80 mg/kg、32. 40 mg/kg、
29. 09 mg/kg、27. 52 mg/kg,说明不同外源氮肥输入对土壤氮素的
激发效应存在明显差异。

　　与对照 CK、Reck 相比,不同施氮处理均不同程度地提高了土
壤氮素累积矿化量,各处理达到最高值时的累积矿化氮量为
31. 99~104. 29 mg/kg,由小到大的顺序依次为 Reck < CK < E <
A(N140) < A(N0) < A(N100) < A(N200) < A(N160),分别占 TN 量
的 3. 58%、3. 10%、3. 60%、4. 70%、5. 39%、5. 73%、4. 99%、7. 95%。
不同施氮处理的累积矿化氮量达到最高值的时间有所差异,
A(N200)处理在培养后 14 d 左右达到最高值,A(N160)处理在培
养后 7 d 左右达到最高值,A(N140)、A(N100)处理均在培养后 28
d 左右达到最高值,A(N0)、E、Reck 处理均在培养后 35 d 左右达
到最高值,CK 处理在培养后 42 d 达到最高值;A(N200)、
A(N160)、A(N140)、A(N100)、A(N0)处理的最大累积矿化氮量

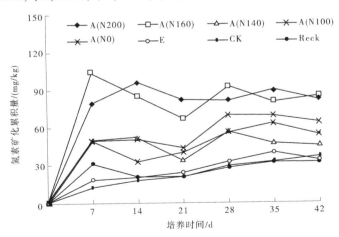

图 5-1　不同处理在培养期间土壤氮素累积矿化量

分别为 E 处理的 2.45 倍、2.64 倍、1.44 倍、1.75 倍、1.60 倍,分别为 CK 处理的 2.66 倍、2.87 倍、1.56 倍、1.91 倍、1.74 倍,分别为 Reck 处理的 3.01 倍、3.26 倍、1.77 倍、2.16 倍、1.97 倍。

5.3　不同施氮处理对土壤氮素矿化速率的影响

　　不同施氮处理土壤氮素矿化速率随时间的变化情况详见表 5-1。由表 5-1 可知,在培养期间,不同施氮处理的矿化速率大致可以划分为三个阶段:0~7 d 为第一阶段,各处理土壤的矿化速率为 1.74~14.90 mg/(kg·d);7~21 d 为第二阶段,各处理的矿化速率迅速下降为 0.97~3.91 mg/(kg·d);21~42 d 为第三阶段,各处理的矿化速率下降缓慢,基本趋于平稳,矿化速率为 0.76~2.02 mg/(kg·d)。A(N200)、A(N160)、A(N140)、A(N100)、A(N0)、E、CK、Reck 各处理在培养期间的平均矿化速率分别为 4.92 mg/(kg·d)、5.31 mg/(kg·d)、2.83 mg/(kg·d)、3.13 mg/(kg·d)、2.70 mg/(kg·d)、1.38 mg/(kg·d)、1.14 mg/(kg·d)、1.59 mg/(kg·d)。土壤氮素矿化速率在一定程度上反映了土壤在某段时间内氮矿化量的大小及矿化的难易程度(欧阳媛等,2009)。上述结果表明,设施菜地土壤氮素的矿化速率存在一定的规律性,矿化速率随培养时间的增加而呈下降趋势,最终达到平稳,这与赵长盛等(2013)的氮素矿化特征研究结果类似。

表 5-1　不同施氮处理土壤氮素矿化速率随时间的变化情况

单位:mg/(kg·d)

处理	培养时间/d					
	7	14	21	28	35	42
A(N200)	11.32	6.89	3.91	2.92	2.56	1.95
A(N160)	14.90	6.10	3.19	3.32	2.30	2.02
A(N140)	7.18	3.73	1.61	2.02	1.34	1.09
A(N100)	7.16	3.60	2.06	2.47	1.97	1.53
A(N0)	6.91	2.31	1.90	1.99	1.80	1.28
E	2.63	1.43	1.15	1.16	1.13	0.80
CK	1.74	1.26	1.03	1.04	0.93	0.86
Reck	4.42	1.48	0.97	0.98	0.91	0.76

5.4　不同施氮处理土壤吸附参数 K_d 及土壤潜在矿化势预测

5.4.1　土壤吸附参数 K_d 的确定

吸附表征溶质在土壤固相和液相的相对分布,它参与了土壤中溶质的运移过程,阻滞了溶质的运移。K_d 越大则土壤固相吸附的溶质量越大,K_d 越小则溶质保持在土壤溶液中的量越多。根据表 5-2 中的数据,绘制 $S \sim C_0$ 关系曲线,并用直线拟合两者之间的关系,结果为:$S = 0.0022C_0$,$R^2 = 0.938$,则吸附参数 K_d 为 0.00221 L/kg。

表 5-2   不同处理土壤 NH_4^+ 吸附试验结果

处理	A(N200)	A(N160)	A(N140)	A(N100)	A(N0)
$C_0/(mg/L)$	833.33	666.67	583.33	416.67	0
$S/(mg/kg)$	3.07	2.59	2.07	1.88	1.16

注:培养期间,铵态氮在 14 d 达到平衡状态,S 是达到平衡时的土壤铵态氮吸附量。

5.4.2   土壤潜在矿化势的预测

不同施氮处理土壤氮素矿化的一级动力学方程参数详见表 5-3。一级动力学模型拟合的结果显示,不同施氮处理土壤氮素矿化势(N_0)的变化范围为 10.93~92.88 mg/kg,其由小到大的顺序依次为 CK<E<Reck<A(N0)<A(N100)<A(N140)<A(N200)<A(N160)。与对照 CK、Reck 相比,不同施氮处理均不同程度提高了土壤氮素矿化势,A(N200)、A(N160)、A(N140)、A(N100)、A(N0)、E 分别是 CK 处理的 7.82 倍、8.50 倍、4.42 倍、3.99 倍、

表 5-3   不同处理土壤氮素矿化的一级动力学方程参数

处理	矿化势 $N_0/(mg/kg)$	矿化速率常数 k/d^{-1}
A(N200)	85.43	0
A(N160)	92.88	0.004
A(N140)	48.32	0.001
A(N100)	43.60	0.011
A(N0)	35.81	0.012
E	15.82	0.022
CK	10.93	0.031
Reck	22.51	0.007

3.28 倍、1.45 倍,分别是 Reck 处理的 3.80 倍、4.13 倍、2.15 倍、1.94 倍、1.59 倍、0.70 倍。上述结果表明,土壤可矿化氮量受到前期再生水灌溉和本章试验中外源氮的双重影响。

氮素矿化速率常数的大小反映了土壤供氮的强度。由表 5-3 可以看出,CK 处理的土壤氮素矿化速率常数最大,A(N200)、A(N160)、A(N140) 相差不大;与对照 Reck 相比,A(N100)、A(N0)、E 处理提高了土壤供氮强度。微生物活动和酶动力学性质决定着土壤中氮的矿化过程,因此采用一级动力学方程描述氮矿化过程是合理的。上述结果说明了外源氮对土壤氮素的生物学特性的影响。

5.4.3 A(N160)处理下土壤矿化潜势耦合模型

本节模型体现了"土壤本底矿质氮、外源氮、土壤矿化潜势"之间的关系,根据不同培养时间 A(N160) 处理土壤氮素累积矿化量的图形确定数据拟合曲线的形式为 $N_t = at^b$,通过最小二乘法建立 N_t 与 t 的经验公式:$N_t = 117.5072t^{-0.1062}$,因此得出不同土壤本底($B_0$)条件下 A(N160) 处理土壤矿化潜势的耦合模型为 $N_0 = B_0 + 117.5072t^{-0.1062}$。模型能够很好地预测最优施氮处理 [A(N160)] 下固定土壤类型的矿化潜势,可以反映不同培养时间土壤的释氮节律。

5.5 小 结

(1)土壤氮素的矿化与氮素的供应密切相关,并对生态系统中氮肥有效性起着非常重要的作用。本研究表明,土壤氮素矿化量受外源氮肥输入影响较大,同一时段不同处理间土壤累积矿化氮量存在显著差异($P < 0.05$)。通过对不同培养时段土壤氮素矿化累积量的分析,探明了不同施氮处理土壤氮素矿化过程,即外源

氮肥输入后,前期土壤氮素矿化较快,土壤氮素累积矿化量迅速增加、土壤供氮能力显著提高,中后期受本底土壤氮素及外源氮肥输入影响,土壤氮素矿化减弱,土壤氮素累积矿化量增加并不明显。A(N160)处理与其他处理相比显著提高了土壤氮素矿化累积量,达到峰值时的累积矿化氮量为 104.29 mg/kg,是 TN 量的 7.95%,说明在再生水灌溉的条件下,氮肥减施 20%处理刺激了土壤微生物活性和土壤的生化特性,显著提高了土壤供氮能力和氮肥利用效率。同时,在培养前期,再生水灌溉 4 年及不施氮处理(Reck)的土壤氮素矿化累积量显著高于清水灌溉 4 年及不施氮处理(CK)。

(2)生态系统中氮素的有效性和损失量可采用氮素矿化速率作为评价指标。土壤氮素矿化速率在一定程度上反映了土壤在某段时间内氮矿化量的大小及矿化的难易程度,在本试验中,不同时间段各处理土壤氮素矿化速率结果表明,矿化速率随着培养时间的增加而呈下降趋势,最终达到平稳。本研究 A(N160)处理的平均矿化速率最大,为 5.31 mg/(kg·d),这是受到土壤有机物分解的难易度和微生物种群特征变化的双重影响。矿化速率划分的三个阶段说明在培养前期表现为土壤氮的矿化,在培养的中后期,各阶段表现为土壤氮的固定。不同施氮处理,再生水灌溉土壤氮素矿化速率均显著高于清水灌溉处理,这主要是因为再生水中含有丰富的有机物,有机物的输入为微生物生长提供了良好的环境,促进了土壤氮素的矿化过程(Chen et al,2015)。

(3)从不同处理土壤 NH_4^+ 吸附试验的拟合结果来看,R^2 值为 0.938,吸附参数 K_d 为 0.002 2 L/kg,说明线性拟合中 K_d 值偏小,则保持在土壤溶液中的溶质量较多。

(4)土壤氮素矿化势 N_0 反映了土壤供氮容量及供氮强度,并决定着土壤的供氮能力。本书以培养试验得到的数据为基础,依据一级动力学方程估算了土壤氮素矿化势 N_0 和矿化速率常数 k,

并且建立了不同土壤本底(B_0)条件下 A(N160)处理土壤矿化潜
势的耦合模型:$N_0 = B_0 + 117.5072t^{-0.1062}$,该模型较好地描述了土
壤本底、外源氮肥对土壤氮素矿化潜势的相关关系。本试验中
A(N160)处理下土壤矿化势 N_0 更高,为 92.88 mg/kg。可见,外
源氮影响着土壤氮素的生物学特性,说明再生水灌溉配施 N160
处理的氮肥可促进土壤氮素矿化、提高土壤肥力,是提高土壤氮素
生物有效性及土壤供氮潜力的有效手段。

第 6 章 再生水灌溉和施氮组合对土壤细菌群落的影响

再生水中富含氮、磷等营养物质,含有高盐、重金属、有机物和病原微生物等(Guo et al., 2017; Zolti A et al., 2019; Chaganti et al., 2020)。再生水灌溉土壤微生物多样性发生显著的变化,这样的变化将影响土壤肥力和土壤生态系统的平衡(Qiu et al., 2012)。氮素是促进植物生长和发育中的一个主要的营养元素。微生物在自然界的生物化学循环中发挥着重要作用,例如将大气中的氮气转换成土壤中可利用的氮素。参与氮循环的细菌或者其他微生物能够修复土壤污染,例如农药残留、无机肥料(Hanjra et al., 2012)。受传统培养方法的限制,土壤中的大部分微生物都不能得到很好的了解。最近几年,基因和分子方法的发展极大地增强了土壤微生物群落多样性信息获得的可能性(Li et al., 2015)。本章通过高通量测序技术研究不同施氮水平和不同再生水灌溉下土壤细菌群落的变化,以期为规避再生水对环境的污染,且为再生水安全利用提供理论参考。

6.1 试验设计

采用盆栽试验,研究不同氮素水平再生水灌溉对土壤细菌群落多样性的影响。试验材料为小白菜,试验用直径 30 cm、高 25 cm 的 PVC 材质花盆。供试土壤取自试验站内试验地表层(0~20 cm)的沙壤土,室内风干后过 2 mm 筛,其土壤理化性质:黏粒、粉粒、沙粒含量分别为 20.64%、55.19%、24.17%,TN、TP 含量分别为 1. 20 g/kg、0. 83 g/kg, pH 为 8. 26, EC 为 0. 39 ds/m, OM 为 32. 85 g/kg。每盆装土 6 kg, 底肥为 P_2O_5: 100 mg/kg; K_2O: 300 mg/kg; 5 个氮肥水平: N_0、N_1、N_2、N_3、N_4, 分别为 0、80 mg/kg、100 mg/kg、120 mg/kg、180 mg/kg; 灌水水质设 2 个水平, 即清水(C)、再生水(R)。试验共计 10 个处理, 记为 CN_0、CN_1、CN_2、CN_3、CN_4、RN_0、RN_1、RN_2、RN_3、RN_4; 每个处理设 6 次重复, 共 60 盆, 随机排列, 试验周期为 60 d。

6.2 微生物群落的生物信息学分析

6.2.1 基因组 DNA 鉴定

总 DNA 提取采用土壤样品提取试剂盒 MO BIO Power Soil DNA Isolation Kit, 操作按照使用说明书进行。取 1 μL 原液上样, 经 1%琼脂糖凝胶电泳检测, 再生水和清水灌溉处理各样品的电泳条带清晰, 可以用于下一步的试验。

6.2.2 PCR 扩增

PCR 扩增反应体系: 2×KAPA HiFi HotStart ReadyMixr 12. 5 μL, Forward Primer(10 μM) 0. 5 μL, Reverse Primer(10 μM) 0. 5 μL, Template DNA 12. 5 ng; 补 ddH$_2$O 至 25 μL; 16S V3f/V4r 引物 5'-3' TACGGRAGGCAGCAG, 3'-5' AGGGTATCTAATCCT。

PCR 反应参数: ①95 ℃预变性 3 min; ②25×(95 ℃变性 30 s, 60 ℃退火 30 s, 72 ℃延伸 30 s), 循环 25 次后 72 ℃延伸 10 min, 保存于 4 ℃冰箱待用。取 1 μL PCR 扩增产物上样, 经 2%琼脂糖电泳检测, 电泳图见图 6-1, 其中 1~3 为 CN_0, 4~6 为 RN_0, 7~9 为 CN_1, 10~12 为 RN_1, 13~15 为 CN_2, 16~18 为 RN_2, 19~21 为 CN_3, 21~24 为 RN_3, 25~27 为 CN_4, 28~30 为 RN_4 中的土壤细菌基因扩

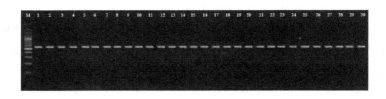

图 6-1　不同样品 PCR 产物琼脂糖凝胶电泳图

增条带。图 6-1 显示,扩增产物条带清晰,大小位于 500～600 bp。文库制备的目的 PCR 产物经 Illumina MiSeq 上机测序。序列原始数据预处理允许的最低读长平均测序质量为 1% 的错误率,去掉低值序列和长聚合物序列数目,保留的最短序列长度为 200 bp。对处理好的样本序列进行归类,统计每个样本的分析数目,不同氮素水平下再生水灌溉土壤样品的原始数据预处理分析序列统计情况见表 6-1。

表 6-1　样品的分析序列统计

样品	原始读长/bp	低值序列数目/条	短读长/条	长聚合物去除序列数目/条	分析读长/bp
CN0.1	51 337	9 503	0	77	41 812
CN0.2	49 045	7 293	0	91	41 719
CN0.3	48 181	8 572	0	69	39 594
RN0.1	43 771	8 673	0	77	35 081
RN0.2	37 968	9 460	0	66	28 491
RN0.3	20 986	5 063	0	48	15 909
CN1.1	28 150	6 566	0	42	21 569
CN1.2	47 915	13 912	0	100	33 980
CN1.3	25 859	5 819	0	44	20 030

续表 6-1

样品	原始读长/bp	低值序列数目/条	短读长/条	长聚合物去除序列数目/条	分析读长/bp
RN1.1	26 426	5 587	0	50	20 825
RN1.2	22 934	5 548	0	29	17 378
RN1.3	34 253	8 067	0	57	26 162
CN2.1	32 562	7 401	0	52	25 136
CN2.2	23 156	4 541	0	40	18 597
CN2.3	30 674	6 878	0	40	23 783
RN2.1	23 768	5 677	0	52	18 070
RN2.2	23 062	5 407	0	34	17 648
RN2.3	33 726	6 809	0	59	26 901
CN3.1	44 338	8 257	0	59	36 058
CN3.2	33 639	6 936	0	66	26 668
CN3.3	34 996	11 683	0	103	23 280
RN3.1	49 024	10 483	0	90	38 509
RN3.2	57 516	11 153	0	98	46 317
RN3.3	54 313	10 250	0	90	44 021
CN4.1	70 253	12 820	0	113	57393
CN4.2	62 887	9 957	0	99	52 891
CN4.3	58 372	10 620	0	92	47 719
RN4.1	55 857	10 731	0	114	45 078
RN4.2	47 642	9 258	0	66	38 362
RN4.3	39 869	8 533	0	63	31 313

非嵌合体序列使用 GreenGene 等核糖体数据库(RDP)中的 16S 核糖体序列数据比对,去除非目的物种序列污染,统计样品的优质序列及长度分布。不同氮素水平再生水灌溉下土壤样品的优质序列及长度分布如表 6-2、图 6-2 所示。

表 6-2　样品的优质序列统计情况

样品	优质序列数目/条	最短长度/bp	最大长度/bp	平均长度/bp
CN0. 1	39 168	293	573	417. 6
CN0. 2	38 671	313	573	417. 5
CN0. 3	36 759	322	571	417. 4
RN0. 1	32 454	292	566	418. 2
RN0. 2	26 393	288	568	417. 9
RN0. 3	14 739	286	520	418. 2
CN1. 1	20 160	399	573	416. 8
CN1. 2	31 757	292	573	416. 5
CN1. 3	18 637	331	574	417. 6
RN1. 1	19 498	298	571	417. 4
RN1. 2	16 377	387	447	417. 3
RN1. 3	24 294	332	573	417. 6
CN2. 1	23 524	292	573	417. 9
CN2. 2	17 264	296	562	417. 4
CN2. 3	22 156	292	573	417. 1
RN2. 1	16 779	289	573	417. 8
RN2. 2	16 403	314	564	417. 1
RN2. 3	25 030	310	573	417. 9

续表 6-2

样品	优质序列 数目/条	最短长度 /bp	最大长度 /bp	平均长度 /bp
CN3.1	33 725	292	570	417.5
CN3.2	25 002	289	572	416.9
CN3.3	21 880	292	571	417.7
RN3.1	35 869	290	571	417.9
RN3.2	43 085	289	571	417.3
RN3.3	40 748	292	566	417.8
CN4.1	53 496	290	571	416.6
CN4.2	49 141	292	571	417.4
CN4.3	44 594	292	571	417.3
RN4.1	42 008	291	573	417.7
RN4.2	35 717	291	571	417.7
RN4.3	29 032	287	552	417.1

6.2.3 数据分析

舍去小于 200 bp 和大于 400 bp 的片段,保留最短序列长度为 200 bp。由于相对数量过小,OTU 不会对土壤细菌群落特性产生明显影响,故在分析中舍去了相对数量小于 1% 的 OTU。采用 SPSS16.0 进行方差分析和相关分析。采用 Canoco 4.5 软件对环境因子与土壤细菌群落结构进行 PCA 和 PCoA 分析。

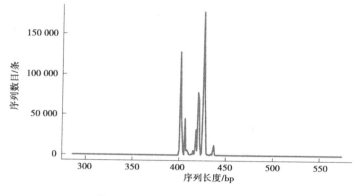

图 6-2　样品优质序列长度分布

6.3　土壤微生物群落稀释曲线

　　稀释曲线,是指从样品中随机抽取一定测序量的数据,并统计它们所代表的物种数目(即 OTU 数目),以抽取的测序数据量和对应的物种数来构建的曲线(高苗,2015)。稀释曲线能够直接反映测序数据量的合理性,当曲线趋于平缓时,测序的数据量合理,更多的数据量仅产生少量新的物种(靳前龙,2015)。在 $\alpha = 0.03$ 的水平上,再生水和清水短期灌溉下土壤细菌稀释曲线如图 6-3 所示,细菌测序数量均未达到平缓,说明细菌即使测序序列数超过 20 000,仍有新的 OTU 可以测出。再生水和清水灌溉处理的稀释性曲线均未完全趋于平缓,表明随着测序深度的增强,可能还会有新的物种不断被发现。随着测序序列数量的增加,再生水和清水灌溉处理细菌的稀释性曲线均逐渐趋于平缓,说明测序序列数量满足实验测序要求。

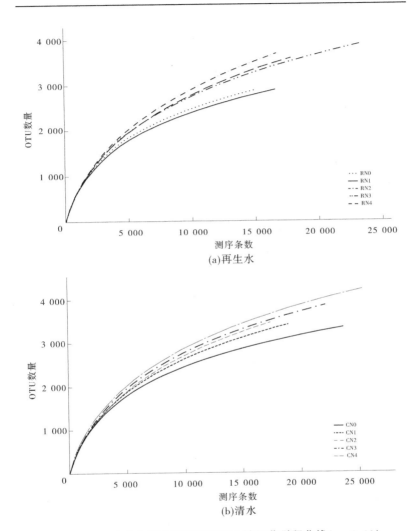

图 6-3　再生水和清水短期灌溉下土壤细菌稀释曲线($\alpha = 0.03$)

注:横坐标为从某个样品中随机抽取的测序条数;纵坐标为基于该测序条数能构建
的 OTU 数量;不同的样品使用不同类型的曲线表示。

6.4　基于群落多样性的土壤微生物聚类分析

对再生水和清水灌溉土壤样品进行聚类分析,构建不同样品的聚类树,研究不同样品间的相似性。聚类分析结果如图 6-4 所示,从图 6-4 中可以看出,土壤细菌群落结构在再生水和清水灌溉处理下均发生较明显的变化。以相似性 44 % 为标准,可以分为两大类,分别是第 Ⅰ 类,N_2、N_3、N_4;第 Ⅱ 类,N_0、N_1。

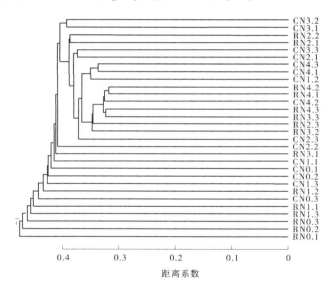

图 6-4　每个样品在 cutoff = 0.03 情况下得到群落结构相似度树状图

注:RN_0、RN_1、RN_2、RN_3、RN_4、CN_0、CN_1、CN_2、CN_3、CN_4
分别代表 1~10 号样本,横坐标表示 10 个样品之间的距离系数。

在 97% 的序列相似水平下,对再生水和清水灌溉土壤细菌的

Alpha Diversity 进行统计。Chao 指数和 ACE 指数用于对样品丰度的评估,多样性指数(Shannon)用于对样品多样性的评估。Coverage 指数表示测序深度。从表 6-3 可以看出,随着氮素的增加,细

表 6-3　不同氮素水平下再生水灌溉对土壤细菌群落多样性的影响

处理	操作单元 OTU	ACE 指数	Chao 指数	Shannon 指数	Simpson 指数	Coverage 指数
CN_0	4 120	5 451± 343de	5 756± 368cd	7.36± 0.04bc	0.001 56ab	0.966± 0.003a
RN_0	3 551	4 876± 471de	5 142± 566de	7.36± 0.04bc	0.001 32bc	0.944± 0.022abcd
CN_1	3 937	5 564± 1 067de	5 728± 999cd	7.37± 0.10b	0.001 6a	0.936± 0.007cd
RN_1	3 262	4 530± 200e	4 785± 215e	7.26± 0.08c	0.001 6a	0.939± 0.011bcd
CN_2	4 032	5 981± 452cd	6 044± 475cd	7.39± 0.09ab	0.001 72a	0.921± 0.012de
RN_2	4 170	7 154± 1 183ab	6 533± 432bc	7.45± 0.03ab	0.001 5abc	0.901± 0.021e
CN_3	4 390	6 174± 428bcd	6 347± 404bc	7.50± 0.02a	0.001 27c	0.937± 0.016cd
RN_3	5 040	6 824± 522abc	7 006± 462ab	7.47± 0.04ab	0.001 59a	0.957± 0.004abc
CN_4	5 507	7 368± 76a	7 546± 72a	7.50± 0.02a	0.001 55ab	0.963± 0.004ab
RN_4	5 014	7 028± 232abc	7 153± 284ab	7.46± ab	0.001 62a	0.947± 0.012abc
W		0.013	0.744	1.363	0.071	2.041
N		14.723[**]	17.393[**]	9.715[**]	2.614	12.087[**]
W×N		3.413[*]	2.840	1.652	4.268[*]	2.931[*]

注:[*] 为 $P<0.05$,[**] 为 $P>0.05$,同一列数据后不同小写字母表示不同处理间在 $P<0.05$ 水平下差异显著。

菌的数量代表序列的操作分类单元（OTU）逐渐增加，而灌溉类型对土壤细菌群落多样性无显著影响（$P > 0.05$）。氮素处理显著影响 ACE、Chao、Shannon（H'）和 Coverage（$P < 0.01$）。群落丰富度指数 ACE 和 Chao 在 CN_4 最高，RN_1 最低，且随着氮素的增加逐渐增加。CN_4 和 CN_3 的丰富度指数 H 显著高于 CN_0、RN_0、CN_1、RN_1（$P < 0.01$），但在 N_2、N_3、N_4 水平没有显著差异（$P>0.05$）。Coverage 指数在中氮水平 N_2 最低，灌水类型和 N 处理对 ACE、Simpson 和 Coverage 指数显示显著的交互影响（$P < 0.05$）。这些指标都是在低氮水平下清水灌溉处理高于再生水灌溉处理，在中氮水平（N_2 和 N_3）再生水灌溉处理高于清水灌溉处理。

6.5　细菌多样性评估

根据分类学分析结果将各样品中的微生物组成绘制柱状图，可以得知一个或多个样品在各分类水平上的物种组成比例情况，反映样品在不同分类学水平上的群落结构，对于不同的研究找到相应的 OUT 的 16s rDNA 区域放大禁止序列的差异。因此，本节选择了一个更为保守的方法来限制比较像 OTU 丰富度等的定量概述，这里给出门水平的丰富度。在细菌门的丰富度上 RDP 分析序列显示两种灌溉水质没有明显差异（见图 6-5）。土壤中特有的序列总数是 43 023，主要分为 7 个门，分别为变形菌门（Proteobacteria）、芽单胞菌门（Gemmatimonadetes）、拟杆菌门（Bacteroidetes）、放线菌门（Actinobacteria）、酸杆菌门（Acidobacteria）、厚壁菌门（Firmicutes）和疣微菌门（Verrucomicrobia），构成主要类群。在前 5 个最丰富的门类，再生水灌溉处理的土壤比清水灌溉处理下的土壤更丰富的细菌门（值表示再生水与清水的扩增子百分比）有：变形菌门（36.91%比36.24%），芽单胞菌门（19.40%比16.85%），拟杆菌门（17.52%比17.02%）。清水灌溉处理的土壤比再生水灌溉处理下的土壤更丰富的细菌门有:放线菌门(15.51%比18.51%)和酸杆菌门(6.15%比6.28%)。

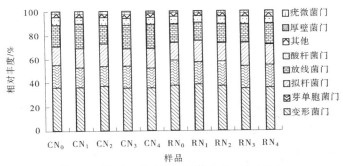

图 6-5　基于 16S rRNA 扩增子 Illumina MiSeq

分析的两种灌溉类型下土壤细菌群落在门水平的相对丰度

根据所有样品在属水平的丰度信息,从物种和样品两个层面进行聚类,绘制的 heatmap 图有助于发现物种在样品中聚集的多寡。不同氮素水平再生水和清水灌溉下土壤细菌在属的水平下的 heatmap 图如图 6-6 所示,在属的水平下清水灌溉土壤细菌主要为 37 种,再生水灌溉处理为 35 种(见图 6-6),清水和再生水灌溉处理土壤细菌的共有属为 33,主要为未分类的 Gemm-5 属(*Unclassified Gemm-5*)、未分类的芽单胞菌属(*Unclassified Gemmatimonadetes*)、*Kaistobacter*、未分类的噬纤维细菌科(*Unclassified Cytophagaceae*)、未分类的 Gemm-3 属(*Unclassified Gemm-3*)、噬纤维细菌属(*Pontibacter*)、未分类的 Chitinophagaceae 属(*Unclassified Chitinophagaceae*)、未分类的酸微菌目(*Unclassified Acidimicrobiales*)、*Flavisolibacter*、未分类的 Gemm-1(*Unclassified Gemm-1*)、未分类的 C114(*Unclassified C114*)、未分类的 Gaiellaceae(*Unclassified Gaiellaceae*)、未分类的黏球菌目(*Unclassified Myxococcales*)、未分类的 MND1(*Unclassified MND1*)、未分类的红螺菌科(*Unclassified Rho-*

dospirillaceae）、未分类的互营杆菌科（*Unclassified Syntrophobacter-aceae*）、未分类的 Solibacterales（*Unclassified Solibacterales*）、未分类的腐螺旋菌科（*Unclassified Saprospiraceae*）、未分类的 β 变形菌（*Unclassified Betaproteobacteria*）、未分类的 0319 - 7L14（*Un-classified 0319 - 7L14*）、未分类的 Solirubrobacterales（*Unclassified*

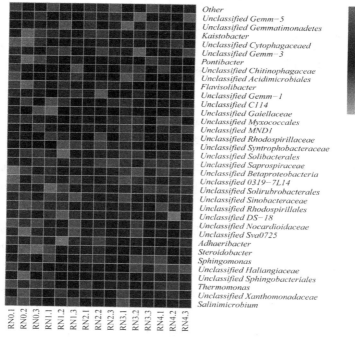

(a)再生水

图 6-6　两种水质灌溉下在属的水平土壤细菌群落的相对丰度

（彩图见本章末二维码）

注：横向为样品信息，纵向为物种注释信息，heatmap 图对应的值为每一行物种相对丰度经过标准化处理后得到的 Z 值。Z 值越高，物种相对丰度越高。

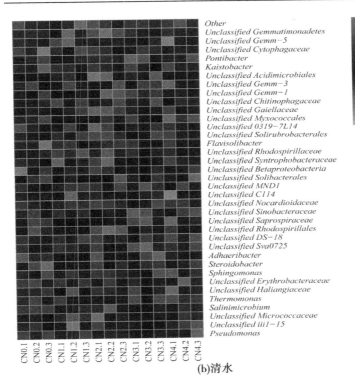

(b)清水

续图 6-6

Solirubrobacterales)、未分类的华杆菌科（Unclassified Sinobacteraceae）、未分类的红螺菌目（Unclassified Rhodospirillales）、未分类的 DS-18（Unclassified DS-18）、未分类的类诺卡氏菌科（Unclassified Nocardioidaceae）、未分类的 Sva0725（Unclassified Sva0725）、Adhaeribacter、Steroidobacter、鞘氨醇单胞菌（Sphingomonas）、未分类的 Haliangiaceae（Unclassified Haliangiaceae）、热单胞菌属（Thermomonas）和盐水微菌 Salinimicrobium。

RDP 分析序列数据下第 31 个、35 个、36 个和 37 个最丰富的属为未分类的赤杆菌科(*Unclassified Erythrobacteraceae*),未分类的细球菌科(*Unclassified Micrococcaceae*),未分类的 iii1-15(*Unclassified iii1-15*)和假单胞菌属(*Pseudomona*)仅发现在清水灌溉处理,第 32 个和第 34 个最丰富的属未分类的鞘脂杆菌目(*Unclassified Sphingobacteriales*)和未分类的黄单胞菌科(*Unclassified Xanthomonadaceae*)仅发现于再生水灌溉处理。

主坐标分析(Principal Co-ordinates Analysis, PCoA)是一种降维排序方法,通过一系列的特征值和特征向量排序从多维数据中提取出最主要的元素。样品距离越接近,表示物种组成结构越相似,因而群落结构相似度高的样品倾向于聚集在一起,群落差异大的样品则分开较远。基于 Weighted unifrac 距离和 unweighted unifrac 距离的 PCoA 分析[如图 6-7(a)、(b)所示]。样品在再生水和清水处理比氮肥处理聚集更紧密,尽管清水处理的几种氮肥处理样品聚集在再生水灌溉。在第一主成分(PC1)轴,再生水灌溉的样品主要分布在负方向,而清水灌溉的样品主要分布在正方向。第二主成分(PC2)轴,再生水灌溉的样品主要分布在正方向,而清水灌溉的样品主要分布在负方向。灌溉水质类型对群落结构相似度的影响高于氮肥处理。两种灌溉类型下样品分布的差异表明,土壤微生物群落在不同灌溉条件下的土壤微生物群落代谢功能的差异。主成分分析(Principal Component Analysis, PCA),通过对多维数据进行降维,从而提取出数据中最主要的元素和结构的方法。应用 PCA 分析,能够将多维数据的差异反映在二维坐标图上,进而揭示复杂数据中的简单规律。

样品的群落组成越相似,则它们在 PCA 图中的距离越接近。不同氮素水平再生水和清水灌溉下基于 OTU 水平的 PCA 分析结果如图 6-7(c)、(d)所示。再生水和清水灌溉条件下,第一主成分(PC1)的贡献率分别为 38.86% 和 41.67%,第二主成分(PC2)的贡献率分别为 24.54% 和 20.1%[见图 6-7(c)、(d)]。

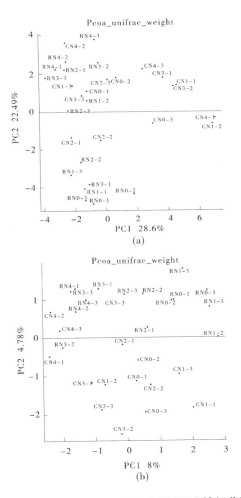

图 6-7　基于 16SrRNA 扩增子的两种水质灌溉下土壤细菌群落的权重和 非权重的 UniFrac 主坐标分析和主成分分析

注:图(a)为再生水和清水灌溉下土壤细菌群落权重的 UniFrac 主坐标分析,图(b)为再生 水和清水灌溉下土壤细菌群落非权重的 UniFrac 主坐标分析;图(c)为再生水灌溉下 土壤细菌群落的主成分分析,图(d)为清水灌溉下土壤细菌群落的主成分分析。

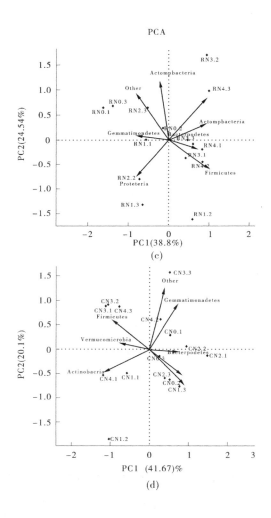

续图6-7

再生水灌溉条件下,在 PC1 轴上疣微菌门(Verrucomicrobia)、放线菌门(Actinobacteria)、拟杆菌门(Bacteroidetes)和厚壁菌门(Firmicutes)分布在正方向;而变性菌门(Proteobacteria)、酸杆菌门(Acidobacteria)和芽单胞菌门(Gemmatimonadetes)分布在负方向。在 PC2 轴上 Verrucomicrobia、Actinobacteria、Acidobacteria 和 Gemmatimonadetes 分布在正方向,而 Bacteroidetes、Firmicutes 和 Proteobacteria 分布在负方向[(见图 6-7(c)]。清水灌溉条件下,在 PC1 轴上,Gemmatimonadetes、Bacteroidetes、Acidobacteria 和 Proteobacteria 分布在正方向,而 Actinobacteria、Firmicutes 和 Verrucomicrobia 分布在负方向。在 PC2 轴,Gemmatimonadetes、Firmicutes 和 Verrucorricrobia 主要分布在正方向,而 Bacteroidetes、Acidobacteria、Proteobacteria 和 Actinobacteria 分布在负方向[见图 6-7(c)]。

　　不同样品之间共有和特有的 OTU 用韦恩图可以直观表现,清晰显示各环境样品之间的 OTU 组成相似程度。用不同颜色标记样品,各个数字表示某个样品独有或几种样品共有的 OTU 数量。不同氮素水平再生水灌溉下样品韦恩图如图 6-8 所示,韦恩图中每个圈代表一个(组)样,圈和圈重叠部分的数字代表样本(组)之间共有的 OTU 个数,没有重叠部分的数字代表样本(组)的特有 OTU 个数。韦恩图分析结果表明,再生水灌溉条件下,5 个氮肥处理下的核心微生物的数目为 2 881;清水灌溉条件下,5 个氮肥处理下的核心微生物的数目为 3 123,说明清水灌溉更有利于土壤核心微生物的增长和繁殖。

　　不同氮素水平再生水和清水灌溉下土壤样品在纲水平的 heatmap 图见图 6-9。在核糖体序列分析数据中,再生水灌溉条件下土壤细菌主要为 24 个纲,清水灌溉条件下土壤细菌主要为 25

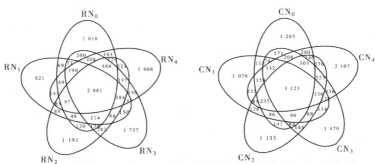

图 6-8　样品在 0.03 水平下细菌群落的特有和共有的 OTU 分类单元
（彩图见本章末二维码）

个纲。清水灌溉和再生水灌溉处理共有 24 个纲，主要为 α 变形菌纲（Alphaproteobacteria）、δ 变形菌纲（Deltaproteobacteria）、纤维粘网菌（Cytophagia）、γ 变形菌纲（Gammaproteobacteria）、芽单胞菌纲（Gemmatimonadetes）、Saprospirae、β 变形菌纲（Betaproteobacteria）、放线菌纲（Actinobacteria）、Gemm-5、Thermoleophilia、Acidimicrobiia、Gemm-3、Gemm-1、Solibacteres、MB-A2-108、iii1-8、未分类的芽单胞菌门（unclassified Gemmatimonadetes）、Sva0725、Sphingobacteriia、Flavobacteriia、杆菌（Bacilli）、Rubrobacteria、Pedosphaerae。第 24 个最丰富的纲酸杆菌门-6（Acidobacteria-6）仅发现于清水灌溉处理。

　　不同氮素水平再生水和清水灌溉下土壤样品在目水平的 heatmap 图见图 6-10。在核糖体序列分析数据中，再生水灌溉条件下土壤细菌主要为 33 个目，清水灌溉条件下土壤细菌主要为 34 个目，清水灌溉和再生水灌溉处理共有 33 个目，主要为噬纤维菌目（Cytophagales）、Saprospirales、鞘脂单胞菌目（Sphingomonadales）、放线菌目（Actinomycetales）、未分类的 Gemm-5

（Unclassified Gemm-5）、未分类的芽单胞菌纲（Unclassified Gemmatimonadetes）、黄色单胞菌目（Xanthomonadales）、黏球菌目（Myxococcales）、酸微菌目（Acidimicrobiales）、红螺菌目（Rhodospirillales）、未分类的 Gemm-3（Unclassified Gemm-3）、根瘤菌目（Rhizobiales）、未分类的 Gemm-1（Unclassified Gemm-1）、Gaiellales、C114、Solirubrobacterales、Solibacterales、MND1、互营杆菌目（Syntrophobacterales）、伯克氏菌目（Burkholderiales）、未分类的 β 变形菌纲（Unclassified Betaproteobacteria）、0319-7L14、DS-18、

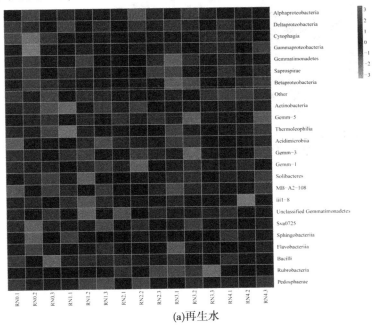

(a)再生水

图 6-9 基于 16S rRNA 扩增子的两种水质
灌溉下土壤细菌在纲水平的相对丰富度（彩图见本章末二维码）

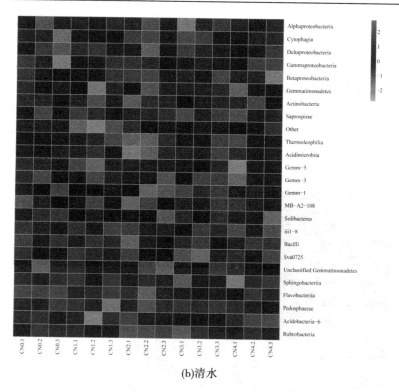

(b)清水

续图 6-9

Sva0725、鞘脂杆菌目（Sphingobacteriales）、黄杆菌目（Flavobacteriales）、芽孢杆菌目（Bacillales）、Entotheonellales、硫发菌目（Thiotrichales）、红色杆菌目（Rubrobacterales）、交替单胞菌目（Alteromonadales）和 Pedosphaerales。第 34 个最丰富的目假单胞菌目（Pseudomonadales）仅发现于清水灌溉处理。

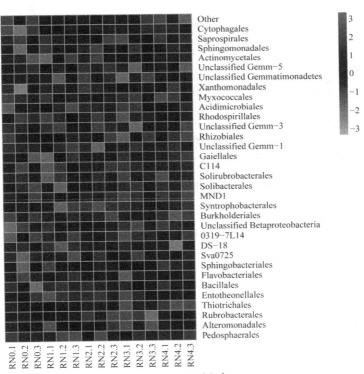

(a)再生水

图 6-10　基于 16S rRNA 扩增子的两种水质
灌溉下土壤细菌在目水平的相对丰富度(彩图见本章末二维码)

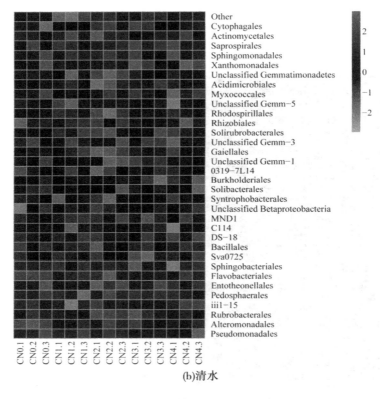

(b)清水

续图 6-10

6.6 小 结

本试验利用 Illumina 平台 Miseq 高通量测序研究不同氮素水平下短期再生水灌溉土壤的细菌群落组成变化特征。结果表明，不同灌溉水质下的土壤微生物群落表现为结构和功能的差异。本章所取得的主要研究结果如下：

（1）再生水与清水灌溉土壤中的细菌群落结构与土壤化学性质显著相关,表明土壤化学成分影响土壤微生物群落结构。在中氮水平下再生水灌溉处理 OTU 比清水处理更丰富,氮肥处理显著影响微生物群落的多样性,中氮水平下再生水灌溉处理更高的丰度可能是由于再生水和肥料为微生物的生长提供更多的养料。

（2）灌溉水质类型对土壤微生物群落结构的影响大于化肥处理。再生水含有丰富的营养元素,有利于根际微生物的生长、养分循环的速度和能量流动,改良根层土壤微生态环境,刺激根系分泌物和土壤酶活性,更加有利于微生物的生长。

（3）短期再生水灌溉倾向增加土壤变形菌门（Proteobacteria）、芽单胞菌门（Gemmatimonadetes）和拟杆菌门（Bacteroidetes）的增长,芽单胞菌门有很强的脱氮功能,拟杆菌门是 OM 矿化的主要贡献者,微生物种群在本质上能够应对再生水灌溉。再生水灌溉能够促进土壤微生物群落结构的变化。

（4）氮素水平影响土壤微生物多样性。灌溉水质类型对群落结构相似度的影响高于氮肥处理。两种灌溉类型下样品分布的差异表明,土壤微生物群落在不同灌溉条件下的土壤微生物群落代谢功能的差异。

本章彩图二维码

第7章　再生水灌溉和施氮组合下土壤细菌群落结构变异特征解析

　　再生水作为一种潜在的水资源,在缓解农业用水供需矛盾、减轻水环境污染方面发挥了重要作用(刘乔木等,2016;马栋山等,2015)。因再生水中元素多样性及土壤环境复杂性,再生水农田灌溉的环境安全及影响机制还不完全清楚(栗岩峰等,2015)。微生物群落是土壤的重要组成部分,土壤微生物能够灵敏反映土壤环境的变化,灌溉对土壤细菌丰度、多样性和组成具有明显影响(Li et al., 2021)。目前农业上氮素普遍施用过量,而再生水中含有丰富的氮、磷等元素,探究长期再生水灌溉下氮肥减量施用土壤微生物群落变化特征及微生态环境变化对于降低农业面源污染,改善生态环境及提高土壤可持续生产力具有重要意义。同时长期再生水灌溉下土壤微生物对土壤生态系统功能应激调控机制的相关研究相对较少。本试验分析不同氮素水平下长期再生水灌溉土壤细菌群落组成及结构的变化特征,以期揭示再生水灌溉下对土壤关键环境要素起降解作用的优势菌属,为科学利用再生水资源,实现再生水灌溉农田生态环境安全提供理论依据。

　　微生物是土壤环境变化的敏感因子,为探明再生水灌溉和氮素减量施用对土壤环境的影响,以温室棚栽番茄为研究结果对象,借助 Miseq 高通量技术,比较研究了再生水灌溉下氮素常规施肥和氮肥减量施用对土壤细菌群落结构所产生的影响,并采用冗余分析(redundancy analysis,RDA)方法分析导致土壤细菌群落结构差异的因素。研究结果表明:再生水灌溉对土壤硝化螺菌门(Nitrospirae)、芽单胞菌门(Gemmatimonadetes)、厚壁菌门(Firmicutes)、变形菌门

(Proteobacteria)和放线菌门(Actinobacteria)群落结构的影响明显;
随氮素水平的降低,土壤细菌种群优势度呈先增加后降低然后再增
加的趋势,减少氮肥施用量有利于增加土壤细菌种群丰度和多样
性。再生水灌溉土壤细菌共53个属,其中41个属是再生水灌溉和
清水灌溉土壤的共有菌属,其余12个属是再生水灌溉土壤的特有
菌属。土壤微生物群落结构受土壤化学特性的影响。再生水灌溉
能够促进与土壤碳、氮转化相关的微生物的增长,改变土壤微生物
的群落结构,但长期灌溉下致病菌的威胁仍不容忽视。

7.1　材料与方法

7.1.1　试验设计

本研究是在持续再生水灌溉和氮肥施用试验的基础上进行的,
试验地点为中国农业科学院农田灌溉研究所河南新乡农业水土环
境野外科学观测试验站塑料温室大棚。试验站位于北纬35°19″,东
经113°53″,海拔73.2 m,年均气温14.1℃,年均降水量约588.8
mm,无霜期210 d,日照时数2 398.8 h。试验设4个氮肥处理,氮肥
总量分别为当地施肥习惯:270 kg/hm²;氮肥减量20%:216 kg/hm²;
氮肥减量30%:189 kg/hm²;氮肥减量50%:135 kg/hm²,分别记为
N270、N216、N189、N135。灌水水质设2个水平,即清水(C)、再生
水(R),试验小区面积15 m²,试验共计8个处理组,记为CN270、
CN216、CN189、CN135、RN270、RN216、RN189、RN135,每个处理设
置3次重复,24个小区完全随机区组排列。供试番茄为GBS-福石
1号,种植密度为4.5万株/hm²,株距0.3 m,行距0.75 m。

再生水水质测定指标包括NO_3^-—N、NH_4^+—N、TN、TP和高
锰酸盐指数(COD_{Mn})、pH及EC,分别采用流动分析仪(德国
BRANLUEBBE AA3)和COD分析仪、PHS-1型酸度计、电导仪进

行测定。再生水常规水质指标完全符合《农田灌溉水质标准》
（GB 5084—2005）的规定,水质测定结果如表 7-1 所示。

表 7-1　试验中灌溉水水质

监测项目	NO$_3^-$—N/ (mg/L)	TN/ (mg/L)	TP/ (mg/L)	COD$_{Mn}$/ (mg/L)	pH	EC/ (ms/cm)	K/ (mg/L)	Na/ (mg/L)	Ca/ (mg/L)	Mg/ (mg/L)
清水	1.7	3.9	2.88	7.86	7.52	1.63	0.88	53.8	10.21	11.0
再生水	20.62	45.14	2.94	13.37	7.4	1.7	5.81	178.6	41.73	35.7
农田灌溉水质标准	—	—	—	60	5.5~8.5	1~2	—	—	—	—

　　番茄收获盛期按照五点法采集 0~20 cm 土壤样品,将土壤样品剔除根系残体,混匀迅速装入灭菌密封的氟乙烯塑料袋中,4 ℃保存在冷藏箱,并及时带回实验室。样品分两部分处理:一部分风干后用于测定理化指标,其余土壤样品于-20 ℃保存,用于土壤微生物群落的测定。

7.1.2　基于 Miseq 高通量技术的微生物群落结构分析

　　（1）DNA 提取和 PCR 扩增。

　　①基因组 DNA 鉴定。

　　采用试剂盒 MO BIO Power Soil DNA Isolation Kit 提取土壤样品总 DNA,操作按照使用说明书进行。抽提到的总 DNA 使用 1% 琼脂糖凝胶电泳检测,取 1 μL 样品进行电泳检测,各个样品条带明亮,能够用于下一步试验。

　　②PCR 扩增。

　　PCR 扩增反应体系:2×KAPA HiFi HotStart ReadyMixr 12.5 μL,Forward Primer(10 μM) 0.5 μL,Reverse Primer(10 μM) 0.5 μL,Template DNA12.5 ng;补 ddH$_2$O 至 25 μL;16S V3f/V4r 引物 5'-3' TACGGRAGGCAGCAG, 3'-5' AGGGTATCTAATCCT。

　　PCR 反应参数:95 ℃预变性 3 min;25×95 ℃变性 30 s, 60 ℃

退火 30 s,72 ℃延伸 30 s,循环 25 次后 72 ℃延伸 10 min,保存于
4 ℃冰箱待用。

　　取 1 μL PCR 扩增产物上样,经 1 ％琼脂糖电泳检测,电泳图
如图 7-1 所示,其中 1~3、4~6、7~9、10~12、13~15、16~18、19~
21、22~24 分别为 RN270、RN216、RN189、RN135、CN270、CN216、
CN189、CN135 的土壤细菌基因扩增条带。电泳结果表明,扩增后
产物条带清晰,片断长度为 500~600 bp,扩增结果满足试验要求。

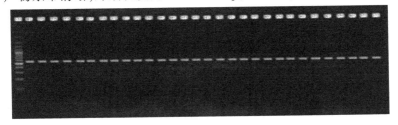

图 7-1　不同处理样品 PCR 扩增产物琼脂糖电泳检测图

　　(2)文库制备。

　　(3)上机测序。

7.1.3　数据处理

　　经 llumina Miseq 上机测序,舍去小于 200 bp 和大于 400 bp 的
片段,保留长度为 200~400 bp 的片断。借助 SPSS17.0 进行方差
分析(ANOVA)和相关分析;采用 Canoco 4.5 软件对环境因子与
细菌群落结构进行 CCA。OTU 分类使用 PyNAST 和数据库比对
后用 UCHIME(Edgar et al,2011)方法检测并去除 Chimeric 序列;
非嵌合体序列使用 Silva/GreenGene 等核糖体数据库中 16S 核糖
体序列数据比对,去除非目的物种序列污染。统计样本的优质序
列及长度分布见图 7-2 和表 7-2。

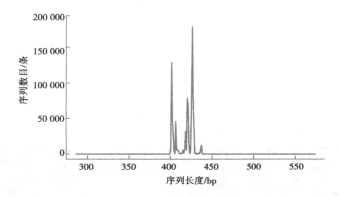

图 7-2　样品优质序列长度分布

表 7-2　再生水和清水灌溉土壤样品的优质序列统计

样品	优质序列数目/条	最短长度/bp	最大长度/bp	平均长度/bp
CN270-1	28 761	383	564	416.3
CN270-2	41 412	292	564	416.9
CN270-3	36 845	286	570	416.9
RN270-1	37 477	292	564	417.2
RN270-2	32 283	323	565	417.7
RN270-3	29 689	292	571	418.0
CN216-1	29 584	312	571	417.2
CN216-2	29 638	313	571	416.6
CN216-3	23 342	292	563	416.5
RN216-1	23 875	330	570	416.7
RN216-2	29 894	359	571	416.9
RN216-3	26 048	292	572	417.9

续表 7-2

样品	优质序列数目/条	最短长度/bp	最大长度/bp	平均长度/bp
CN189-1	32 277	323	564	417.1
CN189-2	25 427	291	572	416.9
CN189-3	31 383	289	571	416.8
RN189-1	27 499	348	571	417.2
RN189-2	20 642	287	564	417.4
RN189-3	47 748	292	573	417.4
CN135-1	29 386	298	570	416.4
CN135-2	38 333	292	563	416.3
CN135-3	39 413	313	565	417.0
RN135-1	38 912	299	571	417.6
RN135-2	31 639	354	570	417.7
RN135-3	38 559	289	569	417.6

7.2　结果与分析

7.2.1　再生水长期灌溉下土壤化学性质的变化

不同氮素水平下长期再生水灌溉土壤的理化指标如表 7-3 所示,相同施氮水平下,N270 和 N189 处理清水灌溉土壤 TN 显著高于再生水灌溉土壤 TN($P<0.05$),其他氮素处理清水灌溉和再生水灌溉土壤 TN 无明显差异($P>0.05$)。N270 和 N135 土壤 TP 表现为清水处理高于再生水处理($P<0.05$);N270 下清水灌溉土壤

OM 显著高于再生水灌溉土壤 OM($P<0.05$),其他施氮水平下,清水灌溉和再生水灌溉土壤 OM 差异不显著($P>0.05$)。土壤 NO_3^-—N 和土壤 EC 表现为再生水处理高于清水处理。

表 7-3　不同氮素水平下再生水灌溉土壤的理化指标

处理	TN/ (g/kg)	TP/ (g/kg)	OM/ (g/kg)	NO_3^-—N/ (mg/kg)	EC/ (μs/cm)	pH
CN270	1.48±0.21a	1.88±0.08a	33.32±1.97a	55.04±3.94c	812.00±22.91cd	8.63±0.03b
RN270	0.97±0.06c	1.65±0.06b	24.45±0.83b	109.77±10.08a	978.33±67.88b	8.41±0.02d
CN216	1.30±0.03ab	1.80±0.03a	33.04±2.67a	73.62±12.28b	970.00±38.12b	8.55±0.03c
RN216	1.15±0.05bc	1.92±0.13a	32.52±3.10a	72.63±1.96b	1 061.00±26.21a	8.33±0.02e
CN189	1.45±0.26a	1.87±0.02a	33.23±1.35a	83.46±6.78b	711.67±57.73de	8.54±0.02c
RN189	0.95±0.01c	1.64±0.12a	29.94±3.35a	97.13±0.85b	805.00±32.19cd	8.66±0.01b
CN135	1.21±0.01bc	1.93±0.10a	32.65±0.62a	52.05±0.14c	846.67±53.93c	8.57±0.01c
RN135	1.08±0.12bc	1.63±0.01b	28.86±3.00a	33.73±0.06d	746.00±34.39de	8.74±0.05a

注:同列数据后不同小写字母表示不同处理间在 $P<0.05$ 水平下差异显著。

7.2.2　稀释性曲线

为了调查研究中测序的工作力度是否充分满足样本物种丰富度的量化,每个样本类型的稀疏曲线被推断。不同氮素水平下再生水灌溉和清水灌溉的稀释曲线如图 7-3 所示,在 $\alpha=0.03$ 的水平上,两个处理的稀释性曲线均没有完全趋于平缓,随着测序深度的增加,可能还会有新的物种不断被发现。随着测序序列数量的增加,再生水和清水灌溉下细菌的稀释性曲线均逐渐趋于平缓,说明测序序列数量数量能够满足试验测序要求(靳前龙,2015;王伏伟等,2015)。

7.2.3　聚类分析

采用 SAS 软件对样品 OTU 进行聚类分析,结果如图 7-4 所

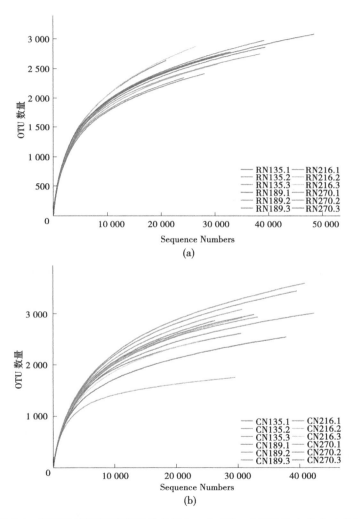

图 7-3　**不同处理下细菌稀释性曲线**($\alpha = 0.03$)　（彩图见本章末二维码）

示。以相似性 0.546 为标准,可以分为三大类,第 Ⅰ 类:CN135;第 Ⅱ 类:CN270;第 Ⅲ 类:剩余处理（CN216、CN189、RN270、RN216、

RN189、RN135）。清水灌溉下在高氮和低氮处理土壤微生物群落结构发生了较明显的变化,再生水灌溉下不同氮肥对土壤微生物群落结构影响不明显。

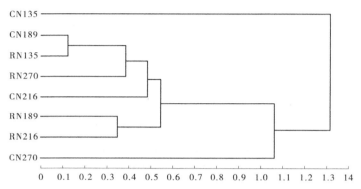

图 7-4　每个样品在 cutoff＝0.03 情况下得到细菌群落结构相似度树状图

注:RN270、RN216、RN189、RN135、CN270、CN216、CN189、CN135

分别代表 1~8 号样本,横坐标表示 8 个样品之间的距离系数

7.2.4　基于细菌群落多样性结果的分析

Chao 指数与 ACE 指数、Shannon 指数、Simpson 指数分别反映物种的丰富度、多样性和优势度(赵彤等,2014)。从表 7-4 可以看出,CN135 处理 Chao 指数、ACE 指数和 Shannon 指数均显著高于 CN270($P<0.05$),但与其他处理无明显差异;在清水和再生水灌溉条件下,减少氮肥增加了土壤细菌种群丰富度和细菌多样性,说明长期合理施肥可以对土壤微生物群落结构和多样性产生促进效应。

再生水灌溉条件下,随氮素水平的降低,土壤细菌种群优势度呈先增加后降低然后再增加的趋势(RN135＞RN216＞RN270＞RN189);清水灌溉下随氮素水平的降低,土壤细菌种群优势度呈

先降低后增加然后再降低的趋势（CN189 > CN270 > CN216 >
CN135）。在 8 个处理中，CN135 处理 Chao 指数、ACE 指数与
Shannon 指数均显著高于其他处理组，而 Simpson 指数低于其他处
理组。Coverage 指数在 96% 以上，在 N216、N189、N135 处理下
Chao 指数、ACE 指数和多样性指数（Shannon）均表现为清水高于
再生水，在 N270 处理下，则表现为再生水高于清水。水质和氮肥
处理以及水氮互作对 ACE、Chao、Shannon 和 Simpson 指数均无显
著影响，但氮肥处理显著影响 Coverage 指数。

表 7-4　不同氮素水平下再生水灌溉对土壤细菌群落多样性的影响

处理	操作单元 OTUs	ACE 指数	Chao 指数	Shannon 指数	Simpson 指数	Coverage 指数
CN270	2 544	3 157.07b	3 402.55b	6.84b	0.002 414ab	0.982 0a
RN270	2 894	3 724.00ab	3 995.85ab	6.99ab	0.001 985ab	0.974 4ab
CN216	2 971	3 820.15ab	4 099.65ab	6.99ab	0.002 006ab	0.966 5b
RN216	2 726	3 561.71ab	3 754.39ab	6.94ab	0.002 036ab	0.968 1b
CN189	3 067	3 886.37ab	4 162.58ab	6.97ab	0.002 641a	0.968 8b
RN189	2 881	3 816.72ab	4 085.08ab	6.98ab	0.001 888ab	0.968 2b
CN135	3 387	4 294.39a	4 605.83a	7.10a	0.001 777b	0.972 4ab
RN135	3 057	3 995.39ab	4 295.40ab	6.99ab	0.002 077ab	0.974 8ab
W		0.005	0.023	0	1.679	0.183
N		1.859	1.891	2.274	0.901	4.164 *
W×N		0.856	0.884	2.574	2.038	0.851

注：W 代表水质类型，N 代表氮素水平，W×N 代表水氮互作。* 表示在 0.05 水平下
具有显著性差异。同列数据后不同小写字母表示不同处理间在 $P < 0.05$ 水平下
差异显著。

7.2.5　细菌群落组成分析

分析细菌群落的组成，需对各样本中细菌类群的相对丰富度

进行评估。分类分配是基于 RDP 分类器的结果,每个样本读长的百分比代表每个门的相对丰度。据图 7-5,再生水和清水灌溉下变形菌门(Proteobacteria)是最丰富的门,其次为 Bacteroidetes、Gemmatimonadetes、Actinobacteria 和 Acidobacteria,其相对丰度之和在 8 个处理均占土壤细菌总量的 93% 以上,这在一定程度上反映出土壤环境的细菌群落主要组成。在高氮和低氮水平下再生水灌溉对 Gemmatimonadetes 表现为促进作用,在中氮水平下表现为抑制作用。在相同氮素水平下,与清水灌溉相比较,再生水灌溉促进 Actinobacteria 的增长,抑制 Bacteroidetes 的增长。在 N270 和 N216 下,再生水抑制 Acidobacteria 的增长,N189 和 N135 下,再生水促进 Acidobacteria 的增长。Bacteroidetes 是有机碳的主要矿化者(Guo et al,2015)。Gemmatimonadetes 具有强烈的反硝化功能。Actinobacteria 参与土壤中难分解的 OM 的分解、同化无机氮、分解碳水化合物等,再生水灌溉促进了土壤氮素降解相关的微生物的增长和繁殖。

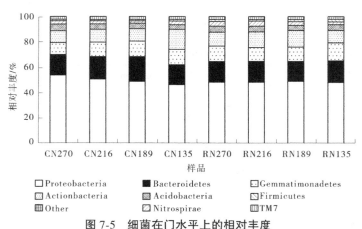

图 7-5　细菌在门水平上的相对丰度

土壤微生物群落结构组成对再生水的响应既是基于个别微生

物种群对再生水敏感性的反映,也是水质和施肥互作下种群间相
互作用的群体性的反映,群落结构的变化主要由优势类群的多度
变化及非优势类群的有无来体现。再生水灌溉下,减少氮素施用,
可以改变土壤微生物群落结构。再生水灌溉和清水灌溉下变形菌
门(Proteobacteria)均是最丰富的门,作为细菌中最大的一个门,有
研究显示其中部分类群可以进行固氮作用,且能够适应复杂的环
境(Liu et al,2014;罗培宇等,2014),因此水质和施肥互作下环境
条件的变化对其分布和相对丰度影响不明显。

7.2.6　基于 RDA 排序的土壤细菌群落结构变异的环境因子分析

　　通过冗余分析(RDA),分析不同氮素水平再生水灌溉下土壤
细菌群落结构变异及引起其变异的环境因素。RDA 前两轴特征
值分别为 0.355 和 0.283,物种与环境因子排序轴的相关系数为
0.988 和 0.997,因此排序图能够反映土壤细菌种群与环境因子之
间的关系,前两轴解释了土壤细菌群落变异程度的 63.8%,轴1 与
TN、TP、OM、NO_3^- 和 EC 值呈正相关,与 pH 呈负相关;而轴2 与
OM、TN 和 pH 呈正相关,与 TP、NO_3^- 和 EC 值呈负相关。

　　RDA 排序图 7-6 和图 7-7 中,箭头表示环境因子;箭头连线的
长短表示微生物物种分布与环境因子相关性的大小;箭头连线与
排序轴夹角的大小表示土壤化学性质与排序抽相关性的大小,夹
角越小说明关系越密切;箭头所处的象限表示土壤化学性质与排
序抽之间的正负相关性;物种之间的线段距离长短代表了物种间
的亲疏关系(张金屯,2004)。

　　由图 7-6 可知,Acidobacteria 和 Proteobacteria 分布差异较小,
Nitrospirae 和 Gemmatimonadetes 分布差异较小,Firmicutes 和 Acti-
nobacteria 分布差异较小。其中,pH 对 Acidobacteria、Bacteroidetes
和 Proteobacteria 的影响较大。由 RDA 排序图 7-7 可知,再生水灌

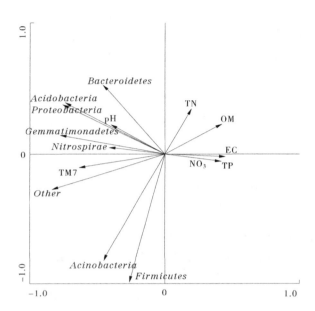

图 7-6　微生物群落与环境因子冗余分析（RDA）结果（细菌种群与环境因子）

（彩图见本章末二维码）

溉对 Nitrospirae、Gemmatimonadetes、Firmicutes、TM7 和 Actinobacteria 的影响较大。清水灌溉对 Bacteroidetes 的影响明显。长期再生水灌溉促进了土壤微生物群落多样性的增加。土壤优势细菌类群相对丰度与土壤理化性质有一定的相关性（李聪等，2013）。不同氮素水平下再生水灌溉土壤细菌群落主要受到 pH 的影响；清水灌溉土壤细菌群落主要受 NO_3^-—N、TP、TN、OM、EC 的影响。

　　长期再生水灌溉和氮肥施用处理下土壤 pH 是影响土壤微生物群落组成和活性的主要因素。pH 对 Acidobacteria 的影响明显。再生水灌溉对 Bacteroidetes、Nitrospirae 和 Gemmatimonadetes、Firmicutes、Proteobacteria 和 Actinobacteria 的影响明显；清水灌溉对 Acidobacteria 的影响较大，Nitrospirae 是硝化反应的主要参与者，

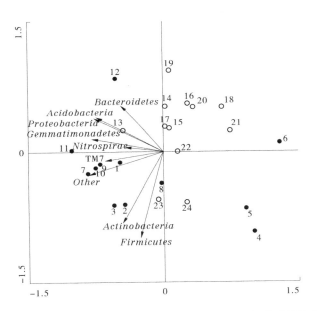

图 7-7　微生物群落与环境因子冗余分析(RDA)结果(细菌种群与样方)
(彩图见本章末二维码)

Gemmatimonadetes 具有很强的脱氮功能,其相对丰度随着氮素水
平的增加而降低。Actinobacteria 具有降解碳氢化合物的功能,在
再生水灌溉后植株的腐解过程中发挥重要作用,同时在自然界的
氮素循环中具有一定的作用。Bacteroidetes 是有机碳的主要矿化
者(Guo et al, 2015),Proteobacteria 是主要的致病菌群。再生水中
含有丰富的氮磷等营养物质,COD 活性较高,因此长期再生水灌
溉可促进土壤碳氮的矿化、微生物的繁殖,但长期灌溉下致病菌的
威胁仍不容忽视。
　　样品韦恩图如图 7-8 所示,韦恩图中每个圈代表一个(组)样,
圈和圈重叠部分的数字代表样本(组)之间共有的 OTU 个数,没有
重叠部分的数字代表样本(组)特有的 OTU 个数。韦恩图分析结

果表明,再生水灌溉条件下,4 个氮肥处理下的核心微生物的数目为 2 027,清水灌溉条件下,4 个氮肥处理下的核心微生物的数目为 2 113,说明清水灌溉更有利于土壤核心微生物的增长和繁殖。

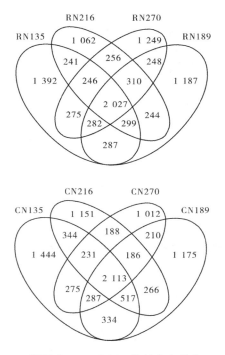

图 7-8　样品在 0.03 水平下的特有和共有 OTU 数量
(彩图见本章末二维码)

为了获得群落组成的更高分辨率,heatmap 热图用来说明 24 个样本的每个样品的相对丰度。分类分配基于 RDP 分类器结果。在属的水平下,不同施氮水平下清水灌溉处理土壤细菌主要为 48 种,再生水灌溉处理为 53 种(见图 7-9)。再生水灌溉处理和清水灌溉处理土壤细菌共有属为 41 属,主要为未分类的噬纤维细菌科

（*Unclassified Cytophagaceae*）、*Kaistobacter*、未分类的 Gemm-5（*Unclassified Gemm*-5）、假单胞菌属（*Pseudomonas*）、未分类的红螺菌科（*Unclassified Rhodospirillaceae*）、未分类的酸微菌目（*Unclassified Acidimicrobiales*）、未分类的芽单胞菌纲（*Unclassified Gemmatimonadetes*）、未分类的 *Gemm*-1（*Unclassified Gemm*-1）、未分类的 Gemm-3（*Unclassified Gemm*-3）、*Pontibacter*、未分类的鱼立克次体科（*Unclassified Piscirickettsiaceae*）、未分类的华杆菌科（*Unclassified Sinobacteraceae*）、溶杆菌属（*Lysobacter*）、未分类的黏球菌目（*Unclassified Myxococcales*）、*Salinimicrobium*、未分类的互营杆菌科（*Unclassified Syntrophobacteraceae*）、未分类的 Sva0725（*Unclassified Sva*0725）、热单胞菌属（*Thermomonas*）、未分类的 β 变形菌（*Unclassified Betaproteobacteria*）、未分类的黄单胞菌科（*Unclassified Xanthomonadaceae*）、未分类的 MND1（*Unclassified MND*1）、*Adhaeribacter*、未分类的 Chitinophagaceae（*Unclassified Chitinophagaceae*）、未分类的 α 变形菌（*Unclassified Alphaproteobacteria*）、未分类的 NB1-j（*Unclassified NB*1-*j*）、未分类的 Gemm-2（*Unclassified Gemm*-2）、未分类的类诺卡氏菌科（*Unclassified Nocardioidaceae*）、*Steroidobacter*、未分类的 Flammeovirgaceae（*Unclassified Flammeovirgaceae*）、芽孢杆菌（*Bacillus*）、未分类的红杆菌科（*Unclassified Rhodobacteraceae*）、未分类的 Gaiellaceae（*Unclassified Gaiellaceae*）、未分类的 Cyclobacteriaceae（*Unclassified unclassified*）、未分类的 Haliangiaceae（*Unclassified Haliangiaceae*）、新鞘脂菌属（*Novosphingobium*）、未分类的 Solibacterales（*Unclassified Solibacterales*）、硝化螺菌属（*Nitrospira*）、未分类的腐螺旋菌科（*Unclassified Saprospiraceae*）、*Arenibacter* 和未分类的 Sphingobacteriales（*Unclassified Sphingobacteriales*）。

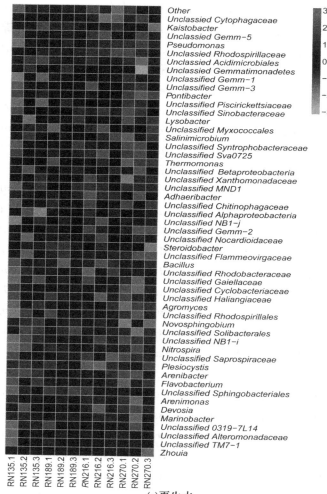

(a)再生水

图 7-9　基于 16 s rRNA 基因扩增子的两种水质灌溉下
土壤细菌在属水平的相对丰度

（彩图见本章末二维码）

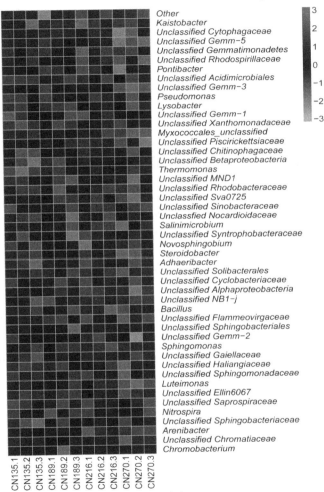

(b)清水

续图7-9

RDP 分析序列数据下第 37 个、40 个、41 个、42 个、45 个、47 个和 48 个最丰富的属鞘氨醇单胞菌属(*Sphingomonas*)、未分类的鞘脂单胞菌科(*Unclassified Sphingomonadaceae*)、藤黄单胞菌(*Luteimonas*)、未分类的 Ellin6067(*Unclassified Ellin6067*)、未分类的鞘脂杆菌科(*Unclassified Sphingobacteriaceae*)、未分类的着色菌科(*Unclassified Chromatiaceae*)和色素杆菌属(*Chromobacterium*)仅发现在清水处理。第 36 个、37 个、40 个、43 个、45 个、47 个、48 个、49 个、50 个、51 个、52 个和 53 个最丰富的属农霉菌属(*Agromyces*)、未分类的红螺菌目(*Unclassified Rhodospirillales*)、未分类的 NB1-i(*Unclassified NB1-i*)、堆囊菌亚目(*Plesiocystis*)、黄杆菌属(*Flavobacterium*)、气单胞菌属(*Arenimonas*)、德沃斯氏菌(*Devosia*)、海杆菌属(*Marinobacter*)、未分类的 0319-7L14(*Unclassified 0319-7L14*)、未分类的交替单胞菌科(*Unclassified Alteromonadaceae*)、未分类的 TM7-1(*Unclassified TM7-1*)和周氏菌属(*Zhouia*)仅发现于再生水处理。

在细菌纲的水平下,清水灌溉土壤细菌主要为 21 纲,再生水为 24 纲(见图 7-10)。再生水和清水灌溉处理土壤细菌共有 21 纲,主要为 γ 变形菌纲(Gammaproteobacteria)、α 变形菌纲(Alphaproteobacteria)、纤维黏网菌纲(Cytophagia)、δ 变形菌纲(Deltaproteobacteria)、β 变形菌纲(Betaproteobacteria)、放线菌纲(Actinobacteria)、Acidimicrobiia、Flavobacteriia、Gemm-5、杆菌(Bacilli)、芽单胞菌纲(Gemmatimonadetes)、Gemm-1、Saprospirae、Gemm-3、Thermoleophilia、Sva0725、Solibacteres、Gemm-2、Sphingobacteriia、硝化螺菌(Nitrospira)。RDP 分析序列数据第 22、23 和 24 最丰富的纲未分类的芽单胞菌门(Unclassified Gemmatimonadetes)、MB-A2-108 和 TM7-1 仅发现于再生水灌溉处理。

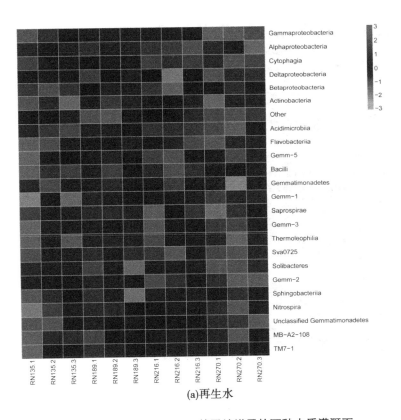

(a)再生水

图 7-10　基于 16 s rRNA 基因扩增子的两种水质灌溉下
土壤细菌在纲水平的相对丰度

（彩图见本章末二维码）

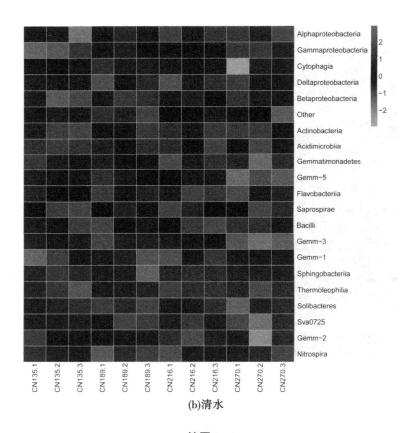

(b)清水

续图 7-10

　　不同施氮水平下长期再生水灌溉土壤细菌在目的水平下的 heatmap 图见图 7-11,清水灌溉处理土壤细菌主要为 37 目,再生水灌溉处理为 35 目。再生水和清水灌溉处理土壤细菌共有 33 目,主要为噬纤维菌目(Cytophagales)、黄色单胞菌目(Xanthomonadales)、鞘脂单胞菌目(Sphingomonadales)、放线菌目(Acti-

nomycetales)、红螺菌目(Rhodospirillales)、酸微菌目(Acidimicrobi-
ales)、黏球菌目(Myxococcales)、黄杆菌目(Flavobacteriales)、未分
类的 Gemm-5(Unclassified Gemm-5)、假单胞菌目(Pseudomonad-
ales)、根瘤菌目

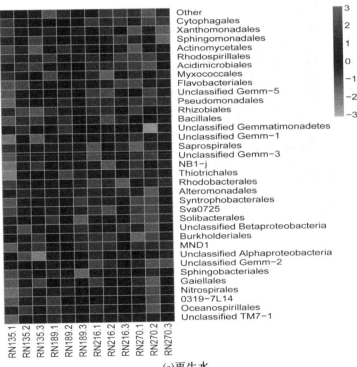

(a)再生水

图 7-11　基于 16 s rRNA 基因扩增子的两种水质灌溉下
土壤细菌在目水平的相对丰度
(彩图见本章末二维码)

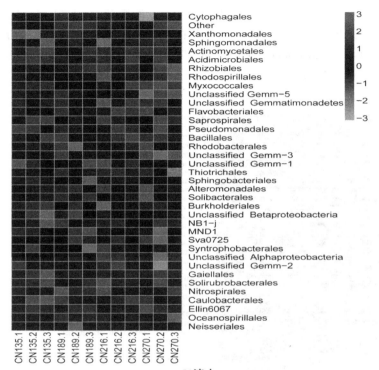

(b)清水

续图 7-11

（Rhizobiales）、芽孢杆菌目（Bacillales）、未分类的芽单胞菌（ Un-
classified Gemmatimonadetes）、未分类的 Gemm-1（Unclassified
Gemm-1）、Saprospirales、未分类的 Gemm-3（unclassified Gemm-
3）、NB1-j、硫发菌目（Thiotrichales）、红杆菌目（Rhodobacterales）、
交替单胞菌目（Alteromonadales）、互营杆菌目（Syntrophobactera-
les）、Sva0725、Solibacterales、未分类的 β 变形菌（Unclassified Be-
taproteobacteria）、伯克氏菌目（Burkholderiales）、MND1、未分类的

α 变形菌（Unclassified Alphaproteobacteria）、未分类的 Gemm-2
（Unclassified Gemm-2）、鞘脂杆菌目（Sphingobacteriales）、Gaiel-
lales、硝化螺旋菌目（Nitrospirales）、海洋螺菌目（Oceanospirillales）。
RDP 分析序列数据下第 32 个、34 个、35 个和 37 个最丰富的目红杆
菌目（Solirubrobacterales）、柄杆菌目（Caulobacterales）、Ellin6067 和
奈瑟菌目（Neisseriales）仅发现在清水处理，第 33 个和 35 个最丰富
的目 0319-7L14 和未分类的 TM7-1（Unclassified TM7-1）仅发现
于再生水处理。

　　长期再生水和氮肥施用的条件下，PCoA 分析加权（weight）和
不加权（unweight）UniFrac 结果表明样品在再生水和清水处理比
氮肥处理聚集更紧密，尽管清水处理的几种氮肥处理样品聚集在
再生水灌溉［见图 7-12(a)、(b)］。在非加权的情况下，在第一主
成分（PC1）轴，长期再生水灌溉的样品主要分布在正方向，而清水
灌溉的样品主要分布在负方向［见图 7-12(a)］；第二主成分
（PC2）轴，长期再生水灌溉的样品主要分布在负方向，而清水灌溉
的样品主要分布在正方向［见图 7-12(b)］。在非加权的情况下，
第二主成分（PC2）轴，长期再生水灌溉的样品主要分布在负方向，
而清水灌溉的样品主要分布在正方向［见图 7-12(b)］。

　　在两种灌溉类型下样品分布的差异表明，土壤微生物群落在
不同灌溉条件下的土壤微生物群落代谢功能的差异。再生水和清
水灌溉条件下，第一主成分（PC1）的贡献率分别为 35.66% 和
40.36%，第二主成分（PC2）的贡献率分别为 28.38% 和 29.88%
［见图 7-12(c)、(d)］。再生水灌溉条件下，在 PC1 上放线菌门
（Actinobacteria）、厚壁菌门（Firmicutes）、变形菌门（Proteobacte-
ria）、酸杆菌门（Acidobacteria）和硝化螺旋菌门（Nitrospirae）分布
在正方向；而芽单胞菌门（Gemmatimonadetes）、拟杆菌门（Bacte-
roidetes）、TM7 和其他（other）分布在负方向。在 PC2 轴上 Acti-
nobacteria、Acidobacteria、Nitrospirae、other 和 Gemmatimonadetes 分

布在正方向,而 Firmicutes、Proteobacteria、TM7 和 Bacteroidetes 分布在负方向[见图 7-12(c)]。清水灌溉条件下,在 PC1 轴上,Nitrospirae、Acidobacteria、Proteobacteria 和 Bacteroidetes 分布在正方向,而 Gemmatimonadetes、Firmicutes 和 Actinobacteria 分布在负方向。在 PC2 轴,Nitrospirae、Acidobacteria、Proteobacteria、Firmicutes、Other 和 Actinobacteria 主要分布在正方向,而 Bacteroidetes 和 Gemmatimonadetes 分布在负方向[见图 7-12(d)]。

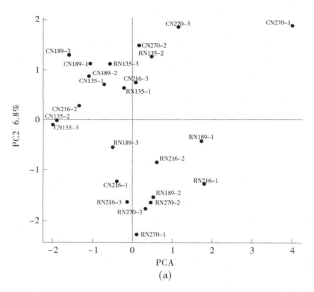

图 7-12 基于系统发育距离的两种水质灌溉下的土壤细菌群落的
权重和非权重的 UniFrac PCoA 分析和 PCA 分析

注:图(a)为再生水和清水灌溉下土壤细菌群落权重的 UniFrac 主坐标分
析,图(b)为再生水和清水灌溉下土壤细菌群落非权重的 UniFrac 主坐
标分析;图(c)为再生水灌溉下土壤细菌群落的主成分分析,图(d)为
清水灌溉下土壤细菌群落的主成分分析。

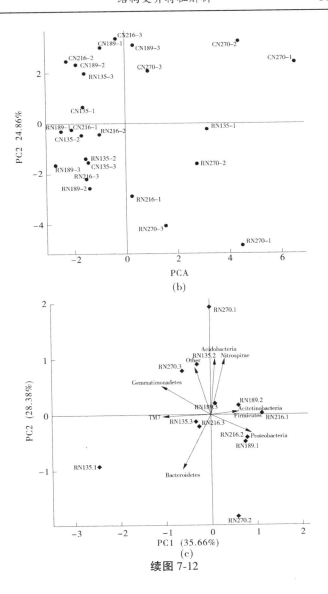

(b)

(c)

续图 7-12

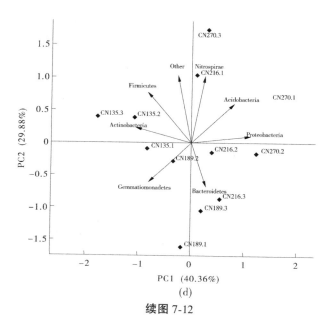

续图 7-12

7.3　小　结

　　本试验通过利用 Illumina 平台 Miseq 高通量测序研究不同氮素水平下长期再生水灌溉土壤的细菌群落组成变化特征,结果表明再生水灌溉诱导了微生物群落组成的动态响应。本章所取得的主要研究结果如下:

　　(1)再生水灌溉和清水灌溉条件下,减少氮肥施用量土壤细菌种群丰富度呈增加趋势。再生水灌溉条件下,减少氮肥施用量对细菌的优势度表现为促进作用,清水灌溉则表现为抑制作用,说明长期合理施肥可以对土壤微生物群落结构和多样性产生促进效应,亦表明再生水灌溉可以诱导微生物群落组成的动态响应。

（2）再生水灌溉对 Nitrospirae、Gemmatimonadetes、Firmicutes、TM7 和 Actinobacteria 的影响较大。清水灌溉对 Bacteroidetes 的影响明显。在属的水平上,清水灌溉土壤细菌共 48 个属,其中 41 个属是再生水和清水灌溉土壤的共有菌属,其余 7 个属是清水灌溉土壤的特有菌属;再生水灌溉土壤细菌共 53 个属,其中 12 个属是再生水灌溉土壤的特有菌属。

（3）再生水灌溉在高氮和低氮水平下对 Gemmatimonadetes 表现为促进作用,在中氮水平下表现为抑制作用。在相同氮素水平下,与清水灌溉相比较,再生水灌溉促进 Actinobacteria 的增长,抑制 Bacteroidetes 的增长。相同氮素水平下,再生水灌溉提高了 Actinobacteria 的相对丰度,这可能与再生水中 TN、速效氮和有机碳含量较高有关。

（4）长期再生水灌溉促进土壤微生物群落多样性的增加。再生水灌溉下随氮素水平的降低,土壤的微生物群落多样性先降低后增加,即 RN270,RN135>RN189>RN216。再生水灌溉下,减少氮素施用,促进了微生物对碳源、氮源的反应,改善了土壤微生物群落结构,这为再生水灌溉下水肥的合理利用提供了基础参考。长期再生水灌溉及施肥对农田土壤细菌群落结构的影响机制还需进一步深入研究。

本章彩图二维码

第8章 再生水灌溉对设施蔬菜产量和土壤环境因子的影响

由于水资源的日益短缺,再生水在农业生产中的灌溉面积逐年增加。再生水作为一种基础的可替代的水资源,在世界范围内得到广泛的应用(Hussain et al., 2019;WWAP, 2019;Becerra-Castro et al., 2015)。再生水灌溉能够改变土壤微环境及氮素利用效率。再生水灌溉对土壤环境的影响研究日益受到人们的关注。国内外专家对再生水灌溉下的氮素利用效率、生态环境效应和潜在的健康风险等方面进行了大量研究(周媛等,2016;李平等,2013;Chen et al., 2013)。对土壤环境影响的研究主要集中在土壤污染物的调查(Lyu et al., 2019;Hidri, 2014),地表水、地下水氮、磷的泄漏,土壤微生物群落组成的变化(Bastida et al., 2018;Wafula et al., 2015)等方面。再生水持续灌溉对土壤氮素生物有效性和土壤微环境的综合研究相对较少。

8.1 试验设计、观测内容与方法

本研究是在连续3季再生水灌溉和氮肥施用试验的基础上进行的,试验地点为中国农业科学院农田灌溉研究所河南新乡农业水土环境野外科学观测试验站日光温室。试验用 PVC 材质花盆,直径 30 cm,高 25 cm。供试土壤取自试验站内试验地表层(0~20 cm)的沙壤土和上一季度的土壤,室内风干后过 2 mm 筛。每盆装土 6 kg,底肥为 P_2O_5:100 mg/kg;K_2O:300 mg/kg,6 个氮肥水平:N_0、N_1、N_2、N_3、N_4、N_5,分别为 0、80 mg/kg、100 mg/kg、120 mg/kg、

180 mg/kg、210 mg/kg;灌水水质设两个水平,即清水(C)、再生水
(R)。试验共计 12 个处理,记为 CN_0、CN_1、CN_2、CN_3、CN_4、CN_5、
RN_0、RN_1、RN_2、RN_3、RN_4、RN_5;每个处理设 5 次重复,3 个季度,共
180 盆,随机排列。

小白菜收获期整盆土混匀,将土壤样品剔除根系残体,迅速取
500 g 土壤装入灭菌密封的氟乙烯塑料袋中,用冷藏箱 4 ℃保存,
并迅速带回实验室。样品分两部分处理:一部分风干进行理化指
标测定。土壤 TN、TP,植株 TN、TP 采用德国 AA3 流动分析仪测
定(BRAN LUEBBE);土壤 OM 测定采用重铬酸钾氧化-容量法;
pH 测定采用 PHS-1 型酸度计;土壤可溶性盐测定采用电导法。
小白菜地上部分整盆收割后于电热恒温鼓风干燥箱(上海一恒科
学仪器有限公司)70 ℃烘干至恒重,称取干重。

8.2　结果与分析

8.2.1　再生水灌溉对小白菜生物量的影响

再生水灌溉下的小白菜生物量变化如表 8-1 所示,在同一氮
素水平下第一季各时期再生水灌溉处理小白菜生物量均高于清水
灌溉处理组;清水灌溉处理、再生水灌溉处理生物量均呈现先升高
再降低然后再升高的趋势。第二季 N_4 水平下再生水灌溉处理生
物量显著高于清水灌溉处理($P<0.05$);N_1 水平下生物量显著低
于其他氮素处理($P<0.05$),其他氮素水平下生物量含量无明显差
异。第三季同一氮素水平下再生水灌溉处理小白菜生物量均高于
清水灌溉处理组,N_4 水平下再生水灌溉处理小白菜生物量最高,
清水处理、再生水处理生物量含量均呈现先升高再降低然后再升
高的趋势。

表 8-1 再生水灌溉下的小白菜生物量变化

处理	各时期生物量/（g/pot）		
	第一季	第二季	第三季
CN_0	11.22a	20.1bc	12.64a
RN_0	17.02bcd	19.87bc	16.32abc
CN_1	11.95a	11.46a	17.17bcd
RN_1	17.54cd	14.21a	19.56cd
CN_2	16.06bcd	20.37bc	17.84bcd
RN_2	17.29cd	19.29bc	19.03bcd
CN_3	13.60ab	19.49bc	12.81a
RN_3	17.02bcd	19.11bc	17.88bcd
CN_4	15.60bc	17.79b	12.36a
RN_4	18.45cd	21.04c	20.13cd
CN_5	18.95cd	20.70bc	15.37d
RN_5	19.74d	20.58bc	20.05ab

注：同列不同小写字母表示同列间在0.05水平上差异显著（Duncan）。

8.2.2 再生水灌溉对土壤全氮和全磷的影响

从表8-2可以看出，土壤TN在三季度均呈现出低氮处理与高氮处理土壤TN有较大波动的趋势。除N_4水平外，在同一氮素水平下第一季再生水处理TN含量均低于清水处理组。在N_0、N_1、N_3、N_5水平下，第二季再生水处理土壤TN均高于清水处理组，其他氮素水平下（N_2、N_4），则与之相反。随氮素水平的增加而提高，第三季清水处理、再生水处理土壤TN含量均呈现先升高再降低然后再升高的趋势。在N_0、N_4、N_5水平下，第三季再生水处理土壤TN均高于清水处理组，其他氮素水平下（N_1、N_2、N_3），则与之相反。

表 8-2　再生水灌溉下的土壤 TN 变化

处理	土壤 TN 含量/(g/kg)		
	第一季	第二季	第三季
CN_0	1.28±0.06ab	1.52±0.05abc	1.40±0.10a
RN_0	1.25±0.02ab	1.60±0.63c	1.43±0.04ab
CN_1	1.27±0.02ab	1.48±0.04abc	1.47±0.05b
RN_1	1.23±0.02ab	1.52±0.06abc	1.42±0.09ab
CN_2	1.29±0.02ab	1.60±0.10c	1.45±0.29ab
RN_2	1.22±0.01a	1.57±0.05bc	1.34±0.03a
CN_3	1.28±0.11ab	1.25±0.08a	1.44±0.07ab
RN_3	1.28±0.04ab	1.27±0.01ab	1.39±0.14a
CN_4	1.30±0.02ab	1.32±0.06abc	1.38±0.08a
RN_4	1.30±0.06ab	1.25±0.02a	1.52±0.03abc
CN_5	1.31±0.05b	1.25±0.12a	1.59±0.05bc
RN_5	1.30±0.05ab	1.28±0.03ab	1.67±0.14c

注:同列不同小写字母表示同列间在 0.05 水平上差异显著(Duncan)。

不同时期再生水灌溉土壤的 TP 活性变化如表 8-3 所示。除 N_0、N_3 水平外,在同一氮素水平下第一季各时期再生水处理土壤 TP 含量均高于清水处理组。随氮素水平的升高而提高,第二季各时期清水处理、再生水处理土壤 TP 含量均呈现先升高再降低然后再升高的趋势。第二季前三组土壤 TP 含量明显高于后三组,同一氮素水平再生水处理组高于清水处理组。除 N_3 水平外,在同一氮素水平下第二季各时期再生水处理土壤 TP 含量均高于清水处理组。第三季随氮素水平的提高,土壤 TP 含量呈逐步增加趋势,同一氮素水平再生水处理组均高于清水处理组。再生水中氮磷含量较高,再生水灌溉增加了土壤中的磷含量。

表 8-3　再生水灌溉下的土壤全磷含量

处理	土壤全磷含量/(g/kg)		
	第一季	第二季	第三季
CN_0	1.05±0.13a	1.00±0.09bc	0.75±0.07a
RN_0	1.03±0.14a	1.18±0.11d	0.96±0.03b
CN_1	1.11±0.07ab	1.19±0.03d	1.03±0.06b
RN_1	1.16±0.05ab	1.29±0.06de	1.15±0.03c
CN_2	1.08±0.11a	1.38±0.03ef	1.21±0.02cd
RN_2	1.10±0.13ab	1.48±0.04f	1.28±0.09d
CN_3	1.18±0.06ab	0.85±0.09ab	1.44±0.06e
RN_3	1.10±0.06a	0.83±0.04a	1.50±0.04e
CN_4	1.24±0.09b	0.82±0.11a	1.62±0.07f
RN_4	1.24±0.06b	0.95±0.12b	1.66±0.09fg
CN_5	1.11±0.14ab	0.90±0.03ab	1.75±0.06g
RN_5	1.18±0.09ab	0.91±0.05ab	1.87±0.06h

注:同列不同小写字母表示同列间在 0.05 水平上差异显著(Duncan)。

8.2.3　再生水灌溉对植株全氮和全磷的影响

不同时期再生水灌溉植株的 TN 活性变化如表 8-4 所示。清水处理、再生水处理第一季植株 TN 含量均随氮素水平的增加而提高。除 N_0、N_5 氮素水平外,在同一氮素水平下第一季再生水处理植株含氮量均高于清水处理组。随氮素水平的升高,第二季清水处理、再生水处理植株 TN 含量均呈现先降低后升高再降低然后再升高的趋势(W 趋势)。除 N_1 氮素水平外,在同一氮素水平下第二季再生水处理植株含氮量均高于清水处理组。

表 8-4　再生水灌溉下的植株 TN 变化

处理	各时期植株 TN 含量/（g/kg）		
	第一季	第二季	第三季
CN_0	22.10±4.84ab	33.33 ±0.75cde	27.71 ±3.33ab
RN_0	21.69±1.94a	36.10 ±2.87de	25.45 ±2.85a
CN_1	26.04±1.91bc	25.60 ±4.40ab	34.28 ±2.31ef
RN_1	27.38±1.35cd	24.14 ±1.42a	28.73 ±4.36abc
CN_2	28.10±2.50cd	33.89 ±10.56cde	33.01 ±2.71cdef
RN_2	29.14±3.53cd	37.92 ±3.92e	30.74 ±1.93bcde
CN_3	28.27±2.68cd	27.55 ±3.12abc	29.55 ±1.05abcd
RN_3	30.94±1.79d	29.53 ±5.69abcd	30.11 ±3.88abcde
CN_4	29.16±3.30cd	27.38 ±3.43abc	30.68 ±2.71bcde
RN_4	29.81±2.33cd	30.35 ±3.72abcd	31.11 ±2.84bcdef
CN_5	35.52±1.15e	28.83±1.83bc	34.00 ±2.60def
RN_5	29.63±1.17cd	32.44±1.59bde	35.49 ±3.89f

注：同列不同小写字母表示同列间在 0.05 水平上差异显著（Duncan）。

　　随氮素水平的升高，第三季清水处理、再生水处理植株 TN 含量均呈现先升高再降低然后再升高趋势。N_0、N_1、N_2 氮素水平下第三季再生水处理植株含氮量均低于清水处理组，N_3、N_4、N_5 氮素水平第三季再生水处理植株含氮量均高于清水处理组。再生水灌溉促进了植株对氮素的吸收和积累。

　　持续再生水灌溉下植株 TP 的变化如表 8-5 所示，随氮素水平的升高，第一季清水处理、再生水灌溉处理植株 TP 含量均呈现先降低然后后略有变化再降低趋势。在 N_0、N_1 氮素水平下，第一季再生水处理植株含磷量均高于清水处理组，其他氮素水平下（N_2、N_3、N_4、N_5），则与之相反。随氮素水平的升高，第二季清水处理、再生水处理植株 TP 含量总体呈现先升高再降低的趋势。

表 8-5　再生水灌溉下的植株全磷变化

处理	各时期植株全磷含量/(g/kg)		
	第一季	第二季	第三季
CN_0	6.44±0.72c	5.76±0.63abc	6.68±0.71bcd
RN_0	5.21±0.43ab	4.73±0.57a	8.28±1.83d
CN_1	5.50±0.42abc	8.79±0.21g	4.32±0.21a
RN_1	5.05±1.06a	8.04±0.86fg	7.27±0.77cd
CN_2	5.31±0.43ab	6.78±0.86cdef	5.83±1.06abc
RN_2	6.07±1.02bc	7.58±1.30eg	7.18±2.81cd
CN_3	5.36±0.53ab	6.02±0.96abcdf	5.55±0.62abc
RN_3	5.51±0.82abc	6.22±0.88bcde	6.90±1.48bcd
CN_4	4.74±0.65a	5.12±0.42ab	6.09±0.93abc
RN_4	5.28±0.33ab	7.35±1.78defg	5.93±0.61abc
CN_5	4.58±0.38a	5.17±0.66ab	5.55±1.59abc
RN_5	4.71±0.35a	5.06±0.90ab	5.04±0.57ab

注:同列不同小写字母表示同列间在 0.05 水平上差异显著(Duncan)。

在 N_0、N_1、N_5 氮素水平下,第二季再生水处理植株含磷量均低于清水处理组,其他氮素水平下(N_2、N_3、N_4),则与之相反。随氮素水平的升高,第三季再生水处理植株 TP 含量呈现逐步降低趋势,随再生水灌溉时间的持续,植株 TP 发生规律性变化。在 N_0、N_1、N_2、N_3 氮水平下,第三季再生水处理植株含磷量均高于清水处理组,其他氮素水平下(N_4、N_5),则与之相反。

8.2.4　再生水灌溉对土壤有机质和碳氮比的影响

从表 8-6 可以看出,随氮素水平的升高,第一季清水处理、再生水处理土壤 OM 总体均呈现先升高然后降低的趋势。在 N_3 水平,第一季再生水处理土壤 OM 达到最大值。在 N_3 氮水平下,第一季清水处理土壤 OM 分别达到最大值,与清水处理其他氮素水平差异显著($P<0.05$)。在 N_1、N_2、N_3、N_5 水平下,第一季再生水处理土壤 OM 性均高于清水处理组,其他氮素水平下(N_0、N_4),则与之相反。随氮素水平的增加,第二季清水处理土壤 OM 总体均呈现先升高然后降低的趋势,再生水处理则变化较大。除 N_5 水平,第二季再生水处理土壤 OM 均低于清水处理组。随氮素水平的增加,第三季清水处理土壤 OM 总体呈现先升高然后降低再升高的趋势。

表 8-6　再生水灌溉下的土壤有机质变化

处理	各时期土壤有机质/(g/kg)		
	第一季	第二季	第三季
CN_0	25.84±0.95ab	21.98±2.55abc	28.44±2.61bd
RN_0	24.36±1.55a	20.55±0.73a	30.24±3.24cd
CN_1	24.86±1.94ab	28.66±2.91d	30.71±2.71cd
RN_1	29.83±3.07ab	25.95±1.04bcd	27.56±1.59bc
CN_2	38.02±4.44d	28.61±2.29d	24.62±1.05b
RN_2	40.34±3.36d	21.18±2.18ab	27.44±2.05bc
CN_3	37.72±2.71d	28.89±2.38d	26.32±3.12bc
RN_3	40.90±3.78d	28.41±3.10d	29.43±2.95bcd
CN_4	36.46±3.31cd	26.27±1.98cd	31.14±1.05cd
RN_4	30.65±1.70bc	24.56±2.73abc	30.58±1.25cd
CN_5	27.04±2.57ab	22.17±1.55abc	33.09±2.74d
RN_5	30.35±2.74abc	23.56±1.71abc	19.09±1.73a

注:同列不同小写字母表示同列间在 0.05 水平上差异显著(Duncan)。

随着氮素水平的升高,第三季再生水处理土壤 OM 总体呈现先降低然后升高再降低趋势。在 N_1、N_4、N_5 水平下,第三季再生水处理土壤 OM 性均低于清水处理组,其他氮素水平下(N_0、N_2、N_3),则与之相反。

从表 8-7 可知,随着氮素水平的升高,第一季清水处理土壤碳氮比呈现先升高然后降低再升高趋势。第一季再生水处理在 N_1、N_2、N_3、N_4 氮素水平下土壤碳氮比变化不明显,但在 N_5 水平下与其他再生水处理差异显著($P<0.05$)。随着氮素水平的升高,第二季清水处理、再生水处理土壤土壤碳氮比均呈现先升高然后降低再升高最后降低的趋势。除 N_5 水平,第二季再生水处理土壤碳氮比均低于清水处理组。

表 8-7　再生水灌溉下的土壤碳氮比变化

处理	各时期土壤碳氮比		
	第一季	第二季	第三季
CN_0	12.86±1.00cd	8.41±1.22ab	10.80±1.13b
RN_0	14.08±1.64de	8.20±2.53ab	9.91±0.77b
CN_1	14.00±1.33de	11.25±1.14cd	9.81±0.97b
RN_1	13.04±0.75d	9.94±0.63bc	12.21±1.40b
CN_2	11.11±0.58bc	10.41±1.29c	15.58±3.01a
RN_2	13.03±0.95d	7.84±0.84a	17.46±1.28a
CN_3	13.95±1.67cde	13.40±1.27e	15.16±0.84a
RN_3	13.34±1.24cde	12.93±1.33de	17.35±3.25a
CN_4	13.91±0.51cde	11.59±0.88cd	15.44±2.04a
RN_4	13.69±1.07de	11.40±1.19cd	11.73±0.51b
CN_5	14.71±1.42e	10.40±1.68c	9.89±1.20b
RN_5	8.52±0.55a	10.72±0.92c	10.59±1.45b

注:同列不同小写字母表示同列间在 0.05 水平上差异显著(Duncan)。

　　随着氮素水平的升高,第三季清水处理、再生水处理土壤碳氮比均总体呈现倒 V 形规律,在 N_2 氮素水平下,清水处理、再生水处理土壤碳氮比均达到最大值。在 N_1、N_2、N_3、N_5 水平下,第三季再生水处理土壤碳氮比均高于清水处理组,其他氮素水平下(N_0、N_4),则与之相反。

　　一般认为,当 C/N<15 时,氮素矿化作用最初所提供的有效氮量会超过微生物的同化量(Mohan 等,2016)。N_4 水平下,持续清水灌溉土壤 C/N 高于再生水灌溉处理,说明 N_4 水平持续再生水灌溉土壤有效氮含量增加,再生水灌溉土壤具有较高的氮素有效性,生物活性较高。

8.2.5　再生水灌溉对土壤酶活性的影响

　　再生水持续灌溉下的土壤蔗糖酶活性如表 8-8 所示,随氮素水平的升高而提高,第一季清水处理、再生水处理土壤含蔗糖酶活性均呈现先升高然后降低的趋势。除 N_0 水平,第一季再生水处理土壤蔗糖酶活性均低于清水处理组。在 N_0 水平下,第二季再生水处理土壤蔗糖酶活性达到最大值,清水处理土壤蔗糖酶活性接近最大值。在氮素处理下,土壤蔗糖酶活性变化波动较大。在 N_0、N_1、N_2、N_3、N_4、N_5 氮素水平下,第三季再生水处理土壤蔗糖酶活性均低于清水处理组,随再生水灌溉的持续,土壤蔗糖酶活性呈明显的下降趋势,再生水抑制了土壤蔗糖酶活性。

表 8-8　再生水灌溉下的土壤蔗糖酶活性

处理	土壤蔗糖酶活性/(mg/g)		
	第一季	第二季	第三季
CN_0	27.19±2.11c	23.02±2.43cd	29.62±3.10g
RN_0	28.77±2.25c	29.42±3.26e	25.87±1.40f
CN_1	33.62±2.84d	24.78±1.61d	23.40±1.92ef

续表 8-8

处理	土壤蔗糖酶活性/(mg/g)		
	第一季	第二季	第三季
RN$_1$	29.39±1.75c	16.78±1.43a	21.61±2.26de
CN$_2$	27.90±1.76c	22.89±1.82cd	23.18±2.43ef
RN$_2$	27.61±2.27c	23.33±1.14cd	14.38±1.67a
CN$_3$	27.33±3.34c	22.53±2.30cd	24.12±2.70ef
RN$_3$	26.53±2.80bc	20.15±2.25bc	23.27±2.04ef
CN$_4$	28.49±2.73c	24.53±2.86d	17.79±1.89bc
RN$_4$	23.86±2.19b	20.39±2.03bc	16.91±1.01abc
CN$_5$	17.94±2.01a	18.57±1.91ab	19.22±2.22cd
RN$_5$	16.82±1.89a	19.18±3.33ab	16.23±1.82ab

注:同列不同小写字母表示同列间在 0.05 水平上差异显著(Duncan)。

再生水持续灌溉的土壤脲酶活性如表 8-9 所示,第一季再生水处理土壤脲酶活性均低于清水处理组。随氮素水平的升高,第一季清水处理土壤脲酶活性呈现先升高再降低然后升高的趋势;随氮素水平的升高,第一季再生水处理土壤脲酶活性呈现先降低再升高的趋势。第二季再生水处理土壤脲酶活性均低于清水处理组。随氮素水平的升高,第二季清水处理、再生水处理土壤脲酶活性均呈现先降低然后升高的趋势。在 N$_0$、N$_3$、N$_4$、N$_5$ 氮素水平下,第三季再生水处理土壤脲酶活性均低于清水处理组,其他氮素水平下(N$_1$、N$_2$),则与之相反。第三季土壤脲酶活性呈不规律变化。

表 8-9 不同时期再生水灌溉的土壤脲酶活性

处理	各时期土壤脲酶活性/(mg/g)		
	第一季	第二季	第三季
CN_0	0.89±0.06abcd	0.79±0.03cd	1.17±0.13ab
RN_0	0.83±0.09abc	0.75±0.03cd	1.09±0.09a
CN_1	1.01±0.06d	0.61±0.04ab	1.06±0.11a
RN_1	0.78±0.03ab	0.61±0.05ab	1.12±0.04a
CN_2	0.98±0.06d	0.67±0.03abc	1.01±0.06a
RN_2	0.75±0.07a	0.55±0.05a	1.12±0.06a
CN_3	0.87±0.07abcd	0.76±0.06cd	1.12±0.09a
RN_3	0.74±0.07a	0.70±0.07bcd	1.01±0.07a
CN_4	0.94±0.07cd	0.76±0.06cd	1.13±0.08a
RN_4	0.75±0.07a	0.70±0.08bcd	1.12±0.06a
CN_5	0.91±0.09bcd	0.82±0.09d	1.33±0.06b
RN_5	0.89±0.06abcd	0.79±0.03cd	1.17±0.13ab

注:同列不同小写字母表示同列间在 0.05 水平上差异显著(Duncan)。

8.3 小 结

本章对再生水持续灌溉条件下的土壤化学指标、氮素生物有
效性、土壤酶活性指标和植株生物化学指标进行了系统的分析,取
得的主要研究结果如下:

(1)小白菜生物量表现为再生水灌溉处理高于清水灌溉处
理。土壤 TN 在三季度均呈现出低氮处理与高氮处理土壤 TN 有
较大波动的趋势。在低氮和高氮水平下,再生水处理土壤 TN 高
于清水处理组,但差异不显著($P>0.05$)。在同一氮素水平下各时

期再生水处理土壤 TP 含量均高于清水处理组,再生水中的氮磷含量较高,再生水持续灌溉增加了土壤中氮、磷的含量。

(2)同一氮素水平下再生水灌溉处理植株 TN 含量和小白菜生物量高于清水灌溉处理组,土壤 TN 变化不显著,持续的再生水灌溉有利于植株对氮素的吸收和积累,提高氮素生物有效性。

(3)N_4 水平下,清水持续灌溉土壤 C/N 高于再生水灌溉,说明持续再生水灌溉条件下,N_4 水平土壤有效氮含量增加,具有较高的氮素有效性,生物活性较高。

(4)再生水持续灌溉处理土壤蔗糖酶活性均低于清水处理组,随再生水灌溉的持续,土壤蔗糖酶活性呈明显的下降趋势,长期再生水灌溉抑制了土壤蔗糖酶活性。再生水持续灌溉处理土壤脲酶活性低于清水灌溉处理组,长期再生水灌溉增加了土壤脲酶活性。

第 9 章　结论与展望

9.1　主要结论

本书针对不同施氮水平再生水灌溉氮素对土壤微生态环境的影响,以再生水灌溉土壤为研究对象,以小白菜和番茄为供试材料,通过温室盆栽和田间小区试验,分析了不同施氮水平下再生水灌溉对土壤化学特性和土壤酶活性的影响,以及土壤微生物群落结构变化特征,探讨了不同施氮水平下再生水灌溉土壤化学特性和微生物群落的响应机制,进而确定再生水灌溉土壤氮素优化调控机制,得出的主要结论如下:

(1)短期再生水灌溉对土壤理化性质的影响。短期再生水灌溉显著提高土壤 EC 和含水量($P<0.05$),更加有利于养分吸收,促进植株生长,但同时易造成 EC 累积。相同施氮水平下,再生水处理土壤呼吸、土壤含水量均高于清水处理。相同施氮水平下,清水和再生水灌溉对土壤 TN、TP 无明显影响($P>0.05$)。相同施氮水平下,清水灌溉土壤蔗糖酶活性显著高于再生水灌溉处理($P<0.05$)。不同施氮水平下,再生水灌溉对土壤过氧化氢酶、脲酶活性存在显著差异($P<0.05$),高氮对过氧化氢酶活性起促进作用,然而却对脲酶和蔗糖酶活性起抑制作用。

(2)随着再生水灌溉年限的增加,土壤脲酶活性逐渐增强,且再生水灌溉根层土壤脲酶活性高于清水灌溉,表明长期再生水灌溉促进了土壤氮素的矿化过程,提高了土壤的供氮能力。不同年限再生水灌溉土壤过氧化氢酶活性存在显著差异($P<0.01$),再生

水灌溉显著提高了设施土壤过氧化氢酶活性,且长期再生水灌溉后过氧化氢酶活性高于清水灌溉,表明再生水灌溉增强设施土壤的解毒能力、改善土壤的缓冲性能,提高作物对土壤逆境的适应能力。

(3)不同施氮水平下,再生水灌溉对土壤细菌、氨化细菌影响存在显著差异($P<0.05$)。与清水灌溉相比,在低氮水平下,再生水灌溉对土壤真菌起促进作用,对土壤细菌无明显影响;在高氮水平下,再生水灌溉促进土壤细菌、氨化细菌增长,抑制土壤真菌生长。

(4)短期再生水灌溉对土壤微生物群落结构多样性的影响。土壤中特有的序列总数是 43 023,主要分为 8 个门,其中变形菌门(Proteobacteria)、芽单胞菌门(Gemmatimonadetes)、拟杆菌门(Bacteroidetes)、放线菌门(Actinobacteria)和醋杆菌门(Acidobacteria)构成主要类群。再生水灌溉促进土壤变形菌门(Proteobacteria)、芽单胞菌门 Gemmatimonadetes 和拟杆菌门(Bacteroidetes)的增长。灌溉水质类型对微生物群落结构的影响大于氮肥处理。

(5)再生水灌溉土壤生物活性与化学性质之间的相关性。土壤 pH 与土壤氨化细菌呈极显著的负相关,土壤 TN 与总磷呈显著的正相关;土壤 TN、NO_3^-—N 与细菌数量存在极显著的正相关关系,但与真菌数量无明显相关关系。土壤酶活性和土壤养分密切相关,一般土壤养分含量越高,土壤酶活性越高,有机质与细菌数量呈极显著的负相关,与过氧化氢酶呈显著的负相关,与脲酶呈显著的正相关,说明有机质含量的高低是影响土壤细菌和土壤酶活性的关键因素。NO_3^-—N 含量与细菌数量、氨化细菌数量,过氧化氢酶活性呈显著的正相关,与脲酶呈显著的负相关。温度与细氨化细菌数量呈极显著的正相关。蔗糖酶活性与 NO_3^-—N 含量、pH、温度、过氧化氢酶活性存在极显著的负相关关系,与细菌、脲酶存在显著的正相关关系,表明蔗糖酶对土壤环境的变化较敏感。

土壤有机碳、微生物量和酶活性之间关系密切。

（6）再生水灌溉土壤微生物群落与化学性质之间的 CCA 表明，NO_3^-—N、TP 对疣微菌门（Verrucomicrobia）和芽单胞菌门（Gemmatimonadetes）的影响较大，pH 和 OM 对厚壁菌门（Firmicutes）和放线菌门（Actinobacteria）的影响较大。NO_3^-—N、TP、EC 对再生水灌溉土壤微生物群落结构影响较大，TP、pH 和有机质对清水灌溉土壤微生物影响较大。土壤微生物群落结构的特征受到土壤质量的强烈影响。

（7）长期再生水灌溉下土壤环境的细菌群落主要由变形菌门（Proteobacteria）、Bacteroidetes、Gemmatimonadetes、Actinobacteria、Acidobacteria 组成，相对丰度之和在 8 个处理均占土壤细菌总量的 93% 以上，其中变形菌门（Proteobacteria）是最丰富的门。

（8）再生水灌溉诱导了微生物群落组成的动态响应。长期再生水灌溉增加土壤微生物群落多样性。再生水灌溉对土壤硝化螺菌门（Nitrospirae）、芽单胞菌门（Gemmatimonadetes）、厚壁菌门（Firmicutes）、变形菌门（Proteobacteria）和放线菌门（Actinobacteria）群落结构的影响明显，减少氮肥施用有利于土壤细菌种群丰富度和多样性的增加。

（9）土壤微生物活性和土壤酶活性、土壤物理化学特性密切相关。不同灌溉施肥条件下土壤微生物群落表现出结构和功能的差异。土壤微生物数量与土壤理化性状相关分析表明，细菌总数与 TN、NO_3^-—N 含量呈正相关，与 OM、pH 呈负相关；氨化细菌总数与 NO_3^-—N、温度、细菌总数、过氧化氢酶活性呈正相关，与有机质含量呈负相关。土壤微生物种类与土壤化学性质的 CCA 典范对应分析表明，NO_3^-—N、TP 对疣微菌门（Verrucomicrobia）和芽单胞菌门（Gemmatimonadetes）的影响较大，pH 和 OM 对厚壁菌门（Firmicutes）和放线菌门（Actinobacteria）的影响较大。长期再生水灌溉和氮肥施用下土壤 pH 是影响土壤微生物群落组成的主要因素。再生水灌溉下最佳的水氮组合处理,土壤微生物多样性才能达到最大。再生水灌溉能够促进与土壤碳、氮转化相关的微生物的增长,从而改变土壤微生物的群落结构。

9.2 创新点

(1)深入探讨了再生水灌溉下提升氮素生物有效性的根际土壤微生物机制。目前在农业生产中过量施用氮肥现象严重,再生水中富含氮、磷等营养元素,适宜的氮素水平辅以再生水灌溉可以降低化肥的施用量,同时减少再生水排放量。本书通过不同氮素水平下再生水灌溉对植株生育期内土壤酶活性、化学性状和土壤微生物群落多样性特征的影响研究,明确再生水灌溉下提升氮素生物有效性的根际土壤微生物机制,探索通过再生水灌溉提升土壤肥力,减少氮素施用量,促进生态环境安全的再生水灌溉模式,为开发利用再生水提供理论依据。

(2)首次通过高通量测序技术,分析了不同氮素水平再生水灌溉条件下氮素有效性的微生物机制。通过 Illumin Miseq 高通量测序和微阵列方法,量化了细菌群落的结构在两个灌溉水质类型下(再生水和清水)群落特性。基于这种技术,同时还发现在清水和再生水灌溉下土壤细菌群落分类和系统发育的差异,这些差异也与土壤的化学性质显著相关。

(3)明确了不同氮素水平长期再生水灌溉条件下对土壤环境起降解作用的优势菌属。通过研究不同氮素水平长期再生水灌溉下土壤细菌群落的结构变化特征,解析导致微生物群落结构变异的主要环境要素,揭示对土壤环境起降解作用的优势菌属,主要是芽单胞菌属和拟杆菌属,为降低再生水农田灌溉环境污染及其合理利用提供科学依据。土壤微生物群落的测量和监控能使我们更好地理解它们在生态系统的组成和功能的变化。同时,它提供了一个基础发展假说来解释影响土壤细菌群落结构变化的重要机制,也为再生水的安全使用和农业的合理施氮提供了技术支撑。

9.3 不足之处及有待进一步研究的问题

再生水灌溉的安全性一直备受关注。再生水中氮素含量较高,适宜的水肥模式能够减少化肥施用量,灌水技术及水处理技术的改进、农艺措施的配套、抗性作物品种的选育等,都能够降低再生水灌溉环境污染的风险,促进土壤活性的提高,提升土壤肥力。土壤微生物群落也受灌溉水类型、灌溉水质、灌溉技术、灌溉时间、栽培措施等的综合影响,不同灌溉施肥条件下土壤微生物群落表现出结构和功能的差异。

本书通过温室盆栽和小区试验,研究了不同氮素水平下短期和长期再生水灌溉土壤化学特性、土壤酶活性和土壤微生物群落结构的变化,探讨了再生水灌溉对农田土壤氮素利用机制。以温室小白菜和番茄为试验材料,探讨了不同处理对土壤脲酶、土壤蔗糖酶和土壤过氧化氢酶活性、土壤细菌、真菌、氨化细菌的影响,初步探明了再生水灌溉和氮素施用下土壤生物活性动态特征,并以长期和短期再生水灌溉土壤为研究对象,分析了不同施氮水平下土壤化学特性、土壤微生物多样性和土壤微生物结构的变化特征,揭示对土壤环境起降解作用的优势菌属,为再生水农业安全利用和化肥的减量施用提供了理论基础。今后,还需要从以下几个方面做进一步的深入探讨:

(1)长期再生水灌溉下土壤微生物对土壤生态系统功能应激调控机制的相关研究相对不足。本书主要研究了再生水条件下的土壤生物特性和微生物群落结构的变化特征,但是对于再生水灌溉下的土壤碳氮矿化的优势菌属的代谢机制尚不明确,今后对于再生水灌溉下对土壤碳氮矿化起关键作用的优势菌属的代谢特性及其动力学特征有必要进一步研究。

（2）与土壤有机氮转化密切相关的酶活性机制研究不足。在土壤酶活性方面，本书主要针对不同氮素水平再生水灌溉下的土壤脲酶、过氧化氢酶、蔗糖酶的活性进行了研究，关注了土壤酶与土壤肥力指标的相关关系，但与土壤有机质转化过程的机制结合的不多，与土壤微生物关系的研究尚未深入，今后应进一步研究与土壤有机氮转化密切相关的蛋白酶、α葡萄糖苷酶和β葡萄糖苷酶的活性，探明再生水灌溉条件下与土壤有机氮、养分循环密切相关的酶活性机制。

（3）再生水灌溉和不同施肥水平对土壤微生物与碳、氮循环影响机制研究不足。应重视长期再生水灌溉下对根际养分、功能微生物、酶活性、微生物群落遗传结构的变化特征研究，深入分析再生水灌溉下关键微生物在土壤氮素生物有效性中所起的作用，提高氮素利用效率。同时，由于土壤的作用与土壤质地和土壤养分含量等因素有关，作物和土壤对土壤微生物区系分布存在互作关系，应加强再生水灌溉条件下土壤养分、土壤碳库、氮库与养分交互作用综合影响研究。

（4）长期再生水灌溉的生态风险不容忽视。应进一步加强长期再生水灌溉下重金属、致病微生物、有机污染物及抗生素的监测及去除技术研究，从源头上进行污染物控制，并建全规范再生水监管体系和再生水安全灌溉制度与灌溉技术。

参考文献

安丽荣,卞文新,刘宝华,等,2021.环境胁迫对氨氧化菌群的影响研究进展[J].应用与环境生物学报,27(3):808-815.

鲍士旦,2005.土壤农化分析[M].3版.北京:中国农业出版社.

曹玉钧,田军仓,沈晖,等,2021.再生水灌溉对紫花苜蓿产量和品质的影响[J].灌溉排水学报,40(1):55-61.

陈苏春,胡静博,肖梦华,等,2022.农村生活再生水灌溉调控对稻田养分的影响[J].排灌机械工程学报,40(4):411-418.

程先军,许迪,2012.碳含量对再生水灌溉土壤氮素迁移转化规律的影响[J].农业工程学报,28(14):85-90.

崔丙健,高峰,胡超,等,2019.不同再生水灌溉方式对土壤-辣椒系统中细菌群落多样性及病原菌丰度的影响[J].环境科学,40(11):5152-5163.

范梦雨,2018.再生水灌溉对土壤性能和土壤微生物的影响探讨[J].低碳世界,1:19-20.

复建国,贾志红,沈宏,2012.植烟土壤酶活性对连作的响应及其与土壤理化特性的相关性研究[J].安徽农业科学,40(11):6471-6473.

高苗,2015.青枯雷尔氏菌噬菌体的分离鉴定及应用研究[D].北京:中国农业科学院.

龚雪,王继华,关健飞,等,2014.再生水灌溉对土壤化学性质及可培养微生物的影响[J].环境科学,35(9):3572-3579.

韩洋,李平,齐学斌,等,2018.再生水不同灌水水平对土壤酶活性及耐热大肠菌群分布的影响[J].环境科学,39(9):4366-4374.

韩洋,乔冬梅,齐学斌,等,2020.再生水灌溉水平对土壤盐分累积与细菌群落组成的影响[J].农业工程学报,36(4):106-117.

胡廷飞,王辉,谭帅,2020.再生水灌溉模式对潮土结构性质及导水性能的影响[J].水土保持学报,34(2):146-152.

吉时育,2022.再生水灌溉对作物及土壤理化性质的影响研究进展[J].农业与技术,42(5):112-114.

靳前龙,2015. Phanerochaete chrysosporium 厚垣孢子菌剂的开发及其促进活性污泥降解苯酚的探究[D]. 新乡:河南师范大学.

李聪,2013. 不同林型对林下土壤理化性质与土壤细菌多样性的影响[D]. 哈尔滨:东北林业大学.

李刚,王丽娟,李玉洁,等,2013. 呼伦贝尔沙地不同植被恢复模式对土壤固氮微生物多样性的影响[J]. 应用生态学报,24(6):1639-1646.

李昆,魏源送,王健行,等,2014. 再生水回用的标准比较与技术经济分析[J]. 环境科学学报,34(7):1635-1653.

李平,郭魏,韩洋,等,2019. 外源施氮对再生水灌溉设施土壤氮素矿化特征的影响[J]. 灌溉排水学报,38(10):40-45.

李平,胡超,樊向阳,等,2013. 减量追氮对再生水灌溉设施番茄根层土壤氮素利用的影响[J]. 植物营养与肥料学报,19(4):972-979.

李阳,王圣全,吐尔逊·吐尔洪,2015. 再生水灌溉对葡萄叶片抗氧化酶和土壤酶的影响[J]. 植物生理学报,51(3):295-301.

栗岩峰,李久生,赵伟霞,等,2015. 再生水高效安全灌溉关键理论与技术研究进展[J]. 农业机械学报(3):1-11.

刘惠青,于辉,牛红云,等,2016. 再生水、自来水混合灌溉及抗蒸腾剂对苜蓿产草量及品质的影响[J]. 中国草地学报,38(6):102-105.

刘乔木,纪玉琨,姜帅,等,2016. 北京市再生水利用现状及问题分析[J]. 北京水务(6):18-21.

罗培宇,2014. 轮作条件下长期施肥对棕壤微生物群落的影响[D]. 沈阳:沈阳农业大学.

马栋山,郭羿宏,张琼琼,等,2015. 再生水补水对河道底泥细菌群落结构影响研究[J]. 生态学报,35(20):1-10.

莫俊杰,彭诗春,叶昌辉,等,2016. 盐胁迫下甘蔗根际土壤微生物量及其酶活性的效应分析[J]. 广东农业科学,43(6):103-108.

莫宇,高峰,王宇,等,2022. 不同施氮条件下再生水灌溉对土壤理化性质及脲酶活性的影响[J]. 灌溉排水学报,41(1):95-100.

欧阳嫒,王圣瑞,金相灿,等,2009. 外加氮源对滇池沉淀物氮矿化影响的研究[J]. 中国环境科学,29(8):879-884.

潘能,侯振安,陈卫平,等,2012. 绿地再生水灌溉土壤微生物量碳及酶活性效应研究[J].环境科学,33(12):4081-4087.

施宠,李阳,黄长福,等,2016.再生水中的Pb对萝卜根际土壤微生物群落结构的影响研究[J].环境保护科学,42(4):90-96.

苏洁琼,李新荣,鲍婧婷,2014.施氮对荒漠化草原土壤理化性质及酶活性的影响[J].应用生态学报,25(3):664-670.

滕颖,范晓璐,陈祥,等,2020.设施农业土壤存在的问题及改良对策[J].江苏科技信息,37(26):78-80.

王伏伟,王晓波,李金才,等,2015.施肥及秸秆还田对砂姜黑土细菌群落的影响[J].中国生态农业科学,23(10):1302-1311.

吴卫熊,何令祖,邵金华,等,2016.清水、再生水灌溉对甘蔗产量及品质影响的分析[J].节水灌溉,9:74-78.

徐傲,巫寅虎,陈卓,等,2021.北京市城镇污水再生利用现状与潜力分析[J].环境工程,39(9):1-6,47.

张金屯,2004.数量生态学[M].北京:科学出版社.

张青,王辰,孙宗湜,等,2022.土壤微生物生物量及多样性影响因素研究进展[J].北方园艺,8:116-121.

赵彤,2014.宁南山区植被恢复工程对土壤原位矿化中微生物种类和多样性的影响[D].杨陵:西北农林科技大学.

赵长盛,胡承孝,黄魏,2013.华中地区两种典型菜地土壤中氮素的矿化特征研究[J].土壤,45(1):41-45.

赵忠明,陈卫平,焦文涛,等,2012.再生水灌溉对土壤性质及重金属垂直分布的影响[J].环境科学,33(12):4094-4099.

周媛,李平,郭魏,等,2016.施氮和再生水灌溉对设施土壤酶活性的影响[J].水土保持学报,30(4):268-273.

中华人民共和国国家发展和改革委员会,2021.关于推进污水资源化利用的指导意见[Z].北京:中华人民共和国国家发展和改革委员会.

中华人民共和国水利部,2021.2020年水资源公报[A].北京:中华人民共和国国水利部.

Bastida F, Torres I F, Abadía J, et al., 2018. Comparing the impacts of drip irrigation by freshwater and reclaimed wastewater on the soil microbial community of two citrus species [J]. Agricultural Water Management, 203: 53-62.

Becerra-Castro C, Lopes A R, Vaz-Moreira I, et al. , 2015. Wastewater re-use in irrigation, A microbiological perspective on implications in soil fertility and human and environmental health[J]. Environment International, 75:117-135.

Calderón K, Spor A, Breuil M C, et al. , 2017. Effectiveness of ecological rescue for altered soil microbial communities and functions [J]. The ISME journal, 11(1): 273-283.

Chaganti V N, Ganjegunte G, Niu G, et al. , 2020. Effects of treated urban wastewater irrigation on bioenergy sorghum and soil quality[J]. Agricultural Water Management, 228,105894.

Chen W P, Lu S D, Jiao W T, et al. , 2013. Reclaimed water: A safe irrigation water source? [J]. Environmental Development,8:74-83.

Chen W P, Lu S D, Pan N, et al. , 2015. Impact of reclaimed water irrigation on soil health in urban green areas [J]. Chemosphere, 119:654-661.

Edgar R C, Haas B J, Clemente J C, et al. , 2011. UCHIME improves sensitivity and speed of chimera detection. Bioinformatics, 27(16): 2194-2200.

Gatta G, Libutti A, Gagliardi A. et al. , 2020. Wastewater Reuse in Agriculture: Effects on Soil-Plant System Properties [J]. The Handbook of Environmental Chemistry,24:79-102.

Gomez E, Martin J, Michel F C,2011. Effects of organic loading rate on reactor performance and archaeal community structure in mesophilic anaerobic digesters treating municipal sewage sludge [J]. Waste Management & Research, 29:1117-1123.

Gu X, Xiao Y, Yin S, et al. ,2019. Impact of Long-Term Reclaimed Water Irrigation on the Distribution of Potentially Toxic Elements in Soil: An In-Situ Experiment Study in the North China Plain [J]. International Journal of Environmental Research and Public Health,16,649.

Guo W, Mathias N A, Qi X B, et al. ,2017. Effects of reclaimed water irrigation and nitrogen fertilization on the chemical properties and microbial community of soil [J]. Journal of Integrative Agriculture, 16(3):679-690.

Guo W, Qi X B, Xiao Y T, et al. ,2018. Effects of Reclaimed Water Irrigation on Microbial Diversity and Composition of Soil with Reducing Nitrogen Fertilization [J]. Water,10(4):365.

Guo Y H, Gong H L, Guo X Y,2015. Rhizosphere bacterial community of Typha angustifolia L. and water quality in a river wetland supplied with reclaimed water [J]. Applied Microbiology Biotechnology,99(6): 2883-2893.

Hanjra M A, Blackwell J, Carr G, et al. ,2012. Wastewater irrigation and environmental health, implications for water governance and public policy [J]. International Journal of Hygiene and Environmental Health, 69(3):215-255.

Hashem M S, Guo W, Qi X B, et al. ,2022. Assessing the effect of irrigation with reclaimed water using different irrigation techniques on tomatoes quality parameters [J]. Sustainability ,14, 2856.

Hidri Y, Fourti O, Eturki S, et al. ,2014. Effects of 15-year application of municipal waste water on microbial biomass, fecal pollution indicators, and heavy metals in a Tunisian calcareous soil [J]. Journal of Soil and Sediments, 14(1): 155-163.

Hussain M I, Muscolo A, Farooq M, et al. ,2019. Sustainable use and management of non-conventional water resources for rehabilitation of marginal lands in arid and semiarid environments. Agricultural Water Managment,221:462-476.

Hussain M I, Qureshi A S,2020. Health risks of heavy metal exposure and microbial contamination through consumption of vegetables irrigated with treated wastewater at Dubai, UAE [J]. Environmental Science and Pollution Research, 27(10):11213-11226.

King B, Fanok S, Phillips R, et al. , 2017. Cryptosporidium attenuation across the wastewater treatment train: recycled water fit for purpose [J]. Applied and Environmental Microbiology, 83(5): 03068-16.

Li B H, Cao Y T, Guan X Y, et al. ,2019. Microbial assessments of soil with a 40-year history of reclaimed wastewater irrigation [J]. Science of the Total Environment, 651:696-705.

Li H R, Wang H G, Jia B, et al. ,2021. Irrigation has a higher impact on soil bacterial abundance, diversity and composition than nitrogen fertilization [J]. Scientific Reports, 11: 16901.

Li J, Cooper J M, Lin Z A, et al. ,2015. Soil microbial community structure and function are significantly affected by long-term organic and mineral fertilization regimes in the North China Plain [J]. Applied Soil Ecology,96:75-87.

Li J J, Zheng Y M, Yan J X, et al. ,2013. Effects of different degeneration dcenarios and fertilizer treatments on soil microbial ecology in reclaimed opencast mining areas on the loess plateau, China [J]. PLoS One,8(5):e63275.

Li J S, W J, 2016 Effects of water managements on transport of E. coli in soil-plant system for drip irrigation applying secondary sewage effluent. Agricultural Water Managemnt [J]. 178:12-20.

Liu J J, Sui Y Y, Yu Z H, et al. ,2014. High throughput sequencing analysis of biogeographical distribution of bacterial communities in the black soils of northeast China [J]. Soil Biology and Biochemistry,70:113-122.

Lu S B, Zhang X L, Liang P, et al. ,2016. Influence of drip irrigation by reclaimed water on the dynamic change of the nitrogen element in soil and tomato yield and quality. Journal of Cleaner Production [J], 139:561-566.

Lyu S D, Chen W P, Qian J P, et al. ,2019. Prioritizing environmental risks of pharmaceuticals and personal care products in reclaimed water on urban green space in Beijing [J]. Science of the Total Environment, 697: 1-11.

Maryam B, Buyukgungor H, 2019. Wastewater reclamation and reuse trends in Turkey: Opportunities and Challenges [J]. Journal of Water Process Engineering, 30: 100501

Mohan T V K, Nancharaiah Y V, Venugopalan V P, et al. ,2016. Effect of C/N ratio on denitrification of high-strength nitrate wastewater in anoxic granular sludge sequencing batch reactors [J]. Ecological Engineering, 91:441-448.

Ochman H, Worobey M, Kuo C H, et al. ,2010. Evolutionary relationships ofwild hominids recapitulated by gut microbial communities [J]. PLoS Biology, 8:e1000546.

Precious N, Egbuikwem, Gregory C, et al. ,2021. Potential of suspended growth biological processes for mixed wastewater reclamation and reuse in agriculture: challenges and opportunities [J]. Environmental Technology Reviews, 10 (1): 77-110.

Qiu M H, Zhang R F, Xue C, et al. ,2012. Application of bio-organic fertil-

izer can control Fusarium wilt of cucumber plants by regulating microbial commu-
nity of rhizosphere soil [J]. Biology and Fertility of Soils, 48:807-816.

Shweti A K, Verma J S. ,2018. Effects of nickel chloride on germination and
seedling growth of different wheat (Triticum aestivum L. em Thell.) cultivars[J].
Journal of Pharmacognosy and Phytochemistry, 7:2227-2234.

Thayanukul P, Kurisu F, Kasuga I, et al. ,2013. Evaluation of microbial re-
growth potential by assimilable organic carbon in various reclaimed water and dis-
tribution systems [J]. Water Research, 47(1): 225-232.

Wafula D, White J R, Canion A, et al. ,2015. Impacts of long-term irriga-
tion of domestic treated wastewater on soil biogeochemistry and bacterial communi-
ty structure [J]. Applied Environmental Microbiology, 81:7143-7158.

Wang Z, Li J S, Li Y F ,2017. Using reclaimed water for agricultural and
landscape irrigation in China: a review[J]. Irrigation and drainage , 66:672-
686.

Wu J, Ma T, Zhou Z, et al. ,2019. Occurrence and fate of phthalate esters
in wastewater treatment plants in Qingdao, China [J]. Human and ecological risk
assessment, 25(5-6):1547-1563.

WWAP. UNESCO World Water Assessment Programme. The United Nations
World Water Development Report 2019: Leaving No One behind[R]. UNESCO,
Paris, 2019.

Zolti A, Green S J, Mordechay E B, et al. ,2019. Root microbiome response
to treated wastewater irrigation [J]. Science of the Total Environment, 655:899-
907.

Zhang Y, Shen Y,2017. Wastewater irrigation: Past, present, and future.
Wiley Interdisciplinary Reviews [J]. Water, 6(3): 1234.